卡耐基送给
女人的幸福箴言

Dale Carnegie's advice on women's happiness

〔美〕戴尔·卡耐基——著

达夫——编译

中国华侨出版社
北京

图书在版编目（CIP）数据

卡耐基送给女人的幸福箴言 /（美）戴尔·卡耐基
著；达夫编译 . — 北京 : 中国华侨出版社，2018.3（2019.7 重印）
ISBN 978-7-5113-7419-6

Ⅰ.①卡… Ⅱ.①戴… ②达… Ⅲ.①女性－幸福－
通俗读物 Ⅳ.① B82-49

中国版本图书馆 CIP 数据核字（2018）第 020269 号

卡耐基送给女人的幸福箴言

著　　者：（美）戴尔·卡耐基
编　　译：达　夫
责任编辑：高福庆
封面设计：阳春白雪
文字编辑：郝秀花
美术编辑：宇　枫
经　　销：新华书店
开　　本：880mm×1230mm　1/32　印张：8　字数：160 千字
印　　刷：北京德富泰印务有限公司
版　　次：2018 年 5 月第 1 版　2019 年 7 月第 2 次印刷
书　　号：ISBN 978-7-5113-7419-6
定　　价：35.80 元

中国华侨出版社　北京市朝阳区静安里 26 号通成达大厦 3 层　邮编：100028
法律顾问：陈鹰律师事务所
发 行 部：（010）88866079　　　　传真：（010）88877396
网　　址：www.oveaschin.com　　E-mail：oveaschin@sina.com

如果发现印装质量问题，影响阅读，请与印刷厂联系调换。

前言

　　作为伟大的成人教育家和人际关系学大师，戴尔·卡耐基创立了一套系统完整、操作起来既简便易行又能迅速成功的成人教育方法。这些方法都是他运用心理学的知识，对人类共同的心理特点进行探索和分析发展起来的。他创立的成人教育机构遍布世界各地，有 2000 所之多，曾经帮助千百万人缔造了更有活力、更高品质的生活。

　　在长期的工作实践中，卡耐基与许许多多的女性晤谈过，其中既有普通百姓，更有娱乐界明星、商界名流等。通过对她们的人生愿望、生活中的烦恼，以及女性生理心理的深入研究，卡耐基对女人如何获得幸福取得了睿智的见解和精辟的人生感悟。他以充满感情的笔触将他的心得娓娓道来，曾使无数的女性走出迷惘、走向幸福。因此，他写给女人的幸福忠告常常是友人馈赠和夫妻捧读的心灵圣经。

　　卡耐基指出，女人获得成功和幸福的要点在于自尊、自重、勇气和信心，在处理家庭、事业问题中注意克服人性的弱点，发挥人性的优点，充分开发女性的潜在智能，从而获得人生的快乐。

在本书中，戴尔·卡耐基以超人的智慧总结了女性为人处世应当具备的基本技巧；以严谨的思维分析了女性打造个人魅力、活得快乐的秘密所在；以精彩的讲解告诉女性如何理解并俘获自己钟情的男人；以广博的爱心指导万千女性尽快成熟和永久留住幸福，从而帮助女性去改变生活，开创崭新的人生。

世界上所有的女人都一样，无不希望自己的婚姻幸福、家庭美满，期望自己的丈夫获得事业的成功。但是，在现实生活中，女性的接触面相对狭小，社会对女性的人生幸福方面的研究极为薄弱，对女性如何获得幸福的教育更是少之又少。在这种背景下，女性虽然有获得幸福的强烈渴望，但因为方法失当，技巧不够，往往抓不住自己的爱人，更难以把握自己的命运，以致不能获得圆满的人生。

在本书里，戴尔·卡耐基对相关问题既做了精辟的理论分析，又提出了许许多多具体的行为准则和做事指导。他的思想和洞见是深刻的，同时也是实用的，无论是对未婚的青年女子，还是对已婚的妻子或母亲都具有指导意义。任何女人，只要灵活、明智地运用这些方法，她就可以越过许多通往幸福的障碍，最终拥有一个幸福、快乐、如意的人生。

希望通过本书，每个女人都能收获不一样的人生，找到并把握住自己的幸福！

目录
CONTENTS

第六章　让工作成为一种享受

第一章

懂交际才会赢得好人缘

处事让一步为高，退步即进步的资本；待人
宽一分是福，利人是利己的根基。

——洪自诚

戒除批评、责怪和抱怨

在《人性的弱点》一书的开篇，曾给大家讲过"双枪杀手"克劳雷的故事。我不想再说故事的始末，只想重申一下那个双枪恶徒的话："在我外衣里面隐藏的是一颗疲惫的心，但这是一颗善良的心，一颗不会伤害别人的心。可是我却来到了新新监狱（注：美国关押重罪犯人的监狱）受刑室，这就是我自卫的结果。"

克劳雷真的是为了自卫才杀人吗？就在警察拘捕克劳雷之前，他和女友开车在长岛一乡村公路上寻欢。有个警员走上前去，向克劳雷说道："把你的驾驶执照给我看看。"克劳雷不发一语，掏出手枪就是一阵狂射。警员中弹倒地，克劳雷跳下车，从警员身上找出左轮手枪，又向倒地不起的尸体开了一枪。

"双枪杀手"克劳雷根本不觉得自己有什么错。

和克劳雷一样的罪恶之人基本上都不知道自责。在芝加哥被处决的美国鼎鼎有名的黑社会头子阿尔·卡庞说："我把一生当中最好的岁月用来为别人带来快乐，让大家有个好时光。我是在造福人民，可社会却误解我，给我辱骂，这就是我变成亡命之徒的原因。"恶名昭彰的"纽约之鼠"达奇·舒兹生前在接受报社记者访问时，也自认是在造福群众。

举这些例子，只是想向女士们说明一个道理：这些亡命男女都不为自己的行为自责，我们又如何强求日常所见的一般人？这是人的本性，批评、责怪、抱怨在别人的身上是一点儿都不会发生正面作用的，因为大多数人都能为自己的动机提出理由，不管有理无理，总要为自己的行为辩解一番，也就是说他们认为自己根本不应该被批评、责怪或抱怨。

从心理学角度看，每一个人都害怕受到别人的指责，包括女人，也包括男人，男人更害怕来自于女人的指责。所以，作为女人，还是戒除掉批评、责怪或抱怨为好。

刚才我说了，批评、责怪、抱怨在别人的身上是一点儿都不会发生正面作用的，相反，副作用却让人感到可怕。我的心理学家朋友曾对我说："因批评而引起的羞愤，常常使雇员、亲人和朋友的情绪大为低落，并且对应该矫正的事实状况，一点儿也没有好处。"

我的邻居约翰有一个幸福的家庭，三个漂亮的女儿，一个贤惠的妻子。有年夏天，三姐妹驾车去郊外旅游。在市区内，由两个姐姐驾车，到了人烟稀少的郊外两个姐姐就让妹妹练练车技。

最小的妹妹开着车，兴奋得不知如何是好，有说有笑的。突然，汽车像脱缰的野马一样向前奔去，在快到十字路口处，与一辆从侧面驶过来的大拖车相撞，大姐当场死亡，二姐头部受伤，小妹腿骨骨折。原来，小妹想在红灯亮起之前通过，才加大了油门。

约翰夫妇接到电话后，立刻赶到了医院。他们紧紧地拥抱着幸存的两个女儿，一家人热泪纵横。父母擦干两个女儿脸上的泪，开始谈笑，像是什么事也没有发生过一样，始终温言慈语。

好几年过去了，肇事的小女儿问父母，当时为什么没有教训她，而事实上，姐姐正是死于她闯红灯造成的车祸。约翰夫妇只是淡淡地说："你姐姐已经离开了，不论我们再说什么或做什么，都不能让她起死回生，而你还有漫长的人生。如果我们责难你，你就会背负着'造成姐姐死亡'的沉重的心理包袱，进而丧失一个完整、健康和美好的未来。"

如果当年约翰夫妇对小女儿加以指责的话，后果恐怕比他们想象的还要恶劣。

女士们都会有这样的经历，当你指责你的男友时，得到的基本上就是沉默。除了沉默，还会有反唇相讥、振振有词。这意味着什么？是对指责的对抗，尽管他们深爱你，尽管的确是他们的错。

人就是这样，做错事的时候不会主动去责怪自己，而只会怨天尤人，我们也都如此。所以，明天你若是想责怪某人，请记住阿尔·卡庞、"双枪杀手"克劳雷和约翰夫妇等人的例子，别让批评像家鸽一样飞回到自己家里。也让我们认清：我们想指责或纠正的对象，他们会为自己辩解，甚至反过来攻击我们，或者他们会说："我不知道所做的一切有什么不对。"

我可以骄傲地说，林肯是美国历史上最善于处理人际关系的总统。不止我这么认为，当林肯咽下最后一口气时，陆军部长史丹顿说道："这里躺着的是人类有史以来最完美的统治者。"我也是受陆军部长史丹顿的提醒才对林肯的处世之道进行研究的，10年后我系统、深入、透彻地了解了林肯的一生，包括林肯的性格、居家生活和他待人处世的方法，于是，我又用了3年时间写成了《林肯的另一面》。

林肯开始并不完美，年轻时他喜欢批评人，他常把写好的讽刺别人的信丢在乡间路上，好让当事人发现。做见习律师时，喜欢在报上公开抨击反对者，虽然只是偶尔。有些行为导致的后果，令他刻骨铭心，永生难忘。

1842年秋天，他又写文章讽刺一位自视甚高的政客詹姆士·席尔斯。他在《春田日报》上发表了一封匿名信嘲弄席尔斯，全镇哄然引为笑料。自负而敏感的席尔斯当然愤怒不已，终于查出写信的人。他跃马追踪林肯，下战书要求决斗，林肯本不喜欢决斗，但迫于情势和为了维护荣誉，只好接受挑战。他有选择武器的权利，由于手臂长，他选择了骑兵的腰刀，并且向一位西点军校毕业生学习剑术。到了约定日期，林肯和席尔斯在密西西比河岸碰面，准备一决生死。幸好在最后一刻有人阻止他们，才终止了决斗。

这是林肯终生最惊心动魄的一桩事，也让他懂得了如何与人相处的艺术。从此以后，他不再写信骂人，也不再任意嘲弄人了。也正是从那时起，他不再为任何事指责任何人，包括南方人，当自己的夫人极力谴责南方人时，林肯说："不用责怪他们，同样的情况换上我们，大概也会如此而为。"他最喜欢的一句名言是："你不论断他人，他人就不会论断你。"惨痛的经验告诉他：尖锐的批评和攻击，所得的效果都等于零。

我年轻时，总喜欢给别人留下深刻印象。我在帮一家杂志撰文介绍作家时，美国文坛出现了一颗新星，名叫理查德·哈丁·戴维斯，这是一个颇引人注目的人物。于是，我便写信给戴维斯，请他谈谈他的工作方式。在这之前，我收到一个人寄来的信，信后附注："此信乃口授，并未过目。"这话留给我极深的印象，显示此人忙碌又具重要性。于是，我在给戴维斯的信后也加了这么一个附注："此信乃口授，并未过目。"实际上，我当时一点也不忙，只是想给戴维斯留下较深刻的印象。

戴维斯根本就没给我写信，而是把我寄给他的信退回来，并在信后潦草地写了一行字："你恶劣的风格，只有更添原本恶劣的风格。"的确，我是弄巧成拙了，受这样的指责并没有错。但是，身为一个人，我觉得很恼羞成怒，甚至10年后我获悉戴维斯过世的消息时，第一个念头仍然是——我实在羞于承认我受到的伤害。

这件事给我的教训很深，每当我想指责他人的时候，就拿出一张 5 美元钞票，望着上面的林肯像自问："如果林肯碰到这个问题，会如何解决？"

在现代文明社会，指责别人的女人或许永远不会遇到林肯遭遇过的尴尬，但是因指责而生的怨恨却是不容易化解的，因为我们所相处的对象，并不是绝对理性的动物，而是具有情绪变化、成见、自负和虚荣等弱点的人类。

所以我要说，假如你想招致一场令人至死难忘的怨恨，只要发表一点刻薄的批评就可以了。也就是说，只有不够聪明的人才批评、指责和抱怨别人。的确，很多愚蠢的人都这么做。

但是，要做到"不说别人的坏话，只说人家的好处"，善解人意和宽恕他人，是需要有修养自制的功夫的。

请女士们记住，待人处世的第一大原则就是不要批评、责怪或抱怨他人。

真诚地赞赏、喜欢他人

我不知道阅读这本书的女士们是否会和我有一样的想法，但在开始这个话题之前，我想先问你们一个问题："你认为世界上促使人去做任何事的最有效的方法是什么？"我相信你们会给出各种各样的答案，但我想说的是，真正可以让别人做事的唯一办法就是，赐给他们想要的东西。疑问又来了，一个人到底最想要什么呢？

小时候我住在密苏里州的乡间，那段时光对我而言是非常快乐的。我记得，父亲曾经养过一头血统优良的白牛和几只品种优良的红色大猪。当时，让我最兴奋的事情就是跟随父亲带着猪和牛一起去参加美国中西部一带的家畜展览。很幸运，我们的那头白牛和那几只红色大猪获得了特等奖，并为父亲赢来了特等奖蓝带。

我记得很清楚，当时父亲是非常高兴的。他把那枚蓝带别在了一块白色软洋布上，而且只要有人来家中做客，他总要拿出来炫耀一番。

其实，那些真正的冠军——牛和猪并不在乎那枚蓝带，倒是我的父亲对它十分珍惜，因为这枚蓝带给他带来了荣耀和别人的称赞声，也使他有了"深具重要性"的感受。

事实上，这种"希望具有重要性"就是促使别人做事的唯一方法，也是我们说的人最想要的东西。不过，这个专业的名词并不是我提出来的，而是美国学识最渊博的哲学家之一——约翰·杜威提出来的。他认为，人类（包括男人也包括女人），在他们的本质里最深远的驱动力就是"希望具有重要性"。

有人说"食欲、性欲、求生欲"是人类的三大本能，其实人们对这种"希望具有重要性"的迫切热望绝对不亚于对前三者的需要。林肯曾经提到"人人都喜欢受人称赞"，威廉·詹姆士也曾经说过："人类本质里最殷切的需求就是渴望被人肯定。"应该说，就是在这种"希望具有重要性"的促使下，我们的祖先一点点地创造出了今天的一切文明，否则我们恐怕就和禽兽没什么两样了。

每个人，当然包括男人和女人，都希望自己受到别人的重视。尤其是男人，他们更希望能够引起女性的重视，更希望从女性那里获得满足这种"希望具有重要性"的感受。作为一名女性，如果你想与别人相处得十分融洽，如果你想成为一个受欢迎的人，那么你首先要做的就是满足他们这种"希望具有重要性"的心理，而你最好的选择就是真诚地赞赏他们。

还有一点我必须要告诉各位女士，那就是你能否真诚地去赞赏那些男士们直接关系到你是否能找到一个称心如意的伴侣或是拥有一个美满幸福的家庭。所以我要告诫各位女士，当你和你的男友或是丈夫相处时，如果你想让你们彼此都拥有幸福的美好感觉，那么你最应该做的就是去真诚地赞赏他们。不过，需要注意的是，你能够真诚地去赞美他们的前提则是必须真心地喜欢他们。

我并不是在这里危言耸听，因为在历史上像这样的例子数不胜数。乔治·华盛顿，美国第一任总统，他最高兴的就是有人当面称呼他为"美国总统阁下"；哥伦布，这个发现美洲的航海家，他曾经要求女王赐予他"舰队总司令"的头衔；雨果，伟大的作家，他最热衷的莫过于希望有朝一日巴黎市能改名为雨果市；就连最著名的莎士比亚也总是想尽办法给自己的家族谋得一枚能够象征荣誉的徽章。

这里，我之所以列举了这些成功男士的例子，无非是想告诉各位亲爱的女士们，一个成功的男人虽然已经获得了很多很多的东西，但他们永远不会对那美妙的赞美声产生厌倦。因此，如果你想成为男人眼中最善解人意、最迷人、最美丽的女性，那么你最好的选择就是去真诚地赞赏他。

当然，女性在生活中接触更多的可能还是同性朋友。我可以告诉各位女士们，女人对这种赞美声的渴望绝不亚于男人，而且还更甚。

我的一个朋友的妻子参加了一种自我训练与提高的课程。回到家后，她急切地对丈夫说："亲爱的，我想让你给我提出 6 项事项，而这 6 项事项能够让我变得更加理想。"

"天啊！这个要求简直让我太吃惊了。"他的先生，也就是我的朋友这样说："坦白说，如果想让我列举出所谓的能让她变理想的事情，这简直再简单不过了，可是天知道，我的太太很有可能会紧接着给我列出成百上千个希望我变得更好的事项。我没有按照她说的那样做，当时我只是对她说：'还是让我想想吧，明天早上我会给你答案的。'

"第二天我起了个大早，马上就给花店打了个电话，要他们给我送来 6 朵火红的玫瑰花。我在每一朵玫瑰花上都附上了一张纸条，上面写着：'我真的想不出有哪 6 件事应该提出来，我最喜欢的就是你现在的样子。'你肯定会猜到了事情的结果，就在我傍晚回家的时候，我太太几乎是含着热泪在家门口等我回家。我觉得不需要再解释了，我真庆幸自己当初没有照她的要求趁机批评她一顿。事后，她把这件事告诉给了所有听课的女士们，很多女士都走过来对我说：'不能否认，这是我所听到过的最善解人意的话了。'从那一刻起，我认识到了喜欢和赞赏他人的力量。"

如果当初我的这位朋友选择了给妻子提出那 6 件事，而并不是由衷地赞赏她的话，等待他的恐怕就是妻子那成百上千件的不满之事以及那无休止的争吵。

女人就是这样，她们总是希望能够得到他人的赞赏，得到别人的重视，尽管她们做得并不够好。相信各位女士经常会在心里佩服其他的女性，却很少把这种心情表达出来。"挑剔"似乎是上帝赐予女人的特权，因此女人对她身边的人总是很不满意。她们认为，身边的人做得还远远不够，至少还没有做到能够让她赞赏的那个地步。

我不知道你是不是会真诚地赞赏和喜欢他人，但我知道成功人士大都会这样做，至少查理·夏布和安德鲁·卡内基是这样做的。

1921年，安德鲁·卡内基提名年仅38岁的查理·夏布为新成立的"美国钢铁公司"第一任总裁，使得夏布成为了全美少数年收入超过百万美元的商人。

有人会问，为什么卡内基愿意每年花100万美元聘请夏布先生？难道他真的是钢铁界的奇才？事实上，夏布先生曾经亲口对我说，其实在他手下工作的很多人对于钢铁制造要比他懂得多得多。接着，夏布先生又很得意地告诉我，他之所以能够取得这样的成绩，主要是因为他非常善于处理和管理人事。我是个爱刨根问底的人，马上追问他是如何做到这一点的。他告诉了我很多，但给我印象最深的就是下面两句话：

赞赏和鼓励是促使人将自身能力发挥到极限的最好办法。

如果说我喜欢什么，那就是真诚、慷慨地赞美他人。

这两句话是夏布成功的秘诀，而事实上，他的老板安德鲁·卡内基也是凭借这一秘诀获得成功的。夏布曾经对我说，卡内基先生十分懂得在什么时候称赞别人。他经常在公共场合对别人大加赞扬，当然在私底下也是如此。

应该说，真诚地赞赏和喜欢他人，是女士处理人际关系最好的润滑剂。也许我应该更直接一点告诉各位女士，你们为什么要做到这一点。

我希望女士们永远不要忘记，在人际交往的过程中，我们接触的是人，是那些渴望被人赞赏的人。应该说，赐给他人欢乐，是人类最合情也是最合理的美德。因为伤害别人既不能改变他们，也不能使他们得到鼓舞。

在美国，因精神疾病导致的伤害要比其他疾病的总和还要多。按照我们的推测，精神异常往往是由各种疾病或外在创伤引起的。但是，有一个令人震惊的事实是，实际上有一半精神异常的人，其脑部器官是完全正常的。

我曾经向一家著名精神病院的主治医师请教过这一问题，他在精神研究领域是相当有名的。可是，他给我的答案却是他并不知道为什么人的精神会变得这样异常。不过，这位医师也向我指出，很多时候人之所以会精神失常，是因为他们在现实生活中得不到"被肯定"的感觉，因此他们要去另外一个世界寻找这种感觉。

为了让我更加明白他的说法，他给我讲了一个例子：

他有一个女病人，是那种生活比较悲惨的人，她的婚姻非常不幸。她一直渴望着被爱，渴望得到性的满足，渴望拥有一个孩子，渴望能够获得较高的社会地位。然而，现实摧毁了她所有的希望。她的丈夫不爱她，从来没有对她说过一句赞美的话，甚至于都不愿意和她一起用餐。这个可怜的女人没有爱、没有孩子，更没有社会地位，最后她疯了。

不过，在另一个世界里，她和贵族结婚了，而且生下一个小宝宝。说到这的时候，那位医师告诉我："坦白地说，即使我能够治好她的病，我也并不会去做，因为现在的她，比以前快乐多了。"

这是一出悲剧？我不知道。但我至少知道，如果当初她的丈夫能够喜欢和赞赏她的话，如果当初她身边的人能够真诚地赞赏她的话，那么她根本没必要疯。因为能够在现实生活中得到的东西，就没有必要去另一个世界寻找。

为了让我自己能够做到真诚地去赞赏和喜欢别人，我在家里的镜子上贴上了一则古老的格言：

人的生命只有一次，任何能够贡献出来的好的东西和善的行为，我们都应现在就去做，因为生命只有一次。

实际上，我每天都要去看它几回，目的是让我永远地把它记住。我相信，你和我没有什么不一样，男人和女人也没有什么不一样。因此，女士们，请你们一定要记住，待人处世最重要的一点就是发自内心地、由衷地、真诚地赞赏和喜欢他人。

不要争论不休

我是一个喜欢用亲身经历来说明道理的人，因为我对自己经历过的事体会更加深刻。实际上，人总会犯这样那样的错误，我也不例外。在以前，那时候我已经是个成年人了，我曾经犯下过很愚蠢的错误。

那是第二次世界大战结束后不久的一个晚上，就在那个晚上，我在伦敦得到了一个让我终生难忘的教训，直到现在我还会时时想起它。

当时，我是赫赫有名的史密斯爵士的私人助理。对，就是那位在战后不久用30天时间环游全球而轰动世界的史密斯爵士。那天晚上，我参加了一个专门为他准备的欢迎宴会。宴会开始后，坐在我旁边的一个人给我们讲了一个很有趣的故事。那个人在讲的过程中，提到了这样一句话："人类可以变得无比的粗俗，但那位神始终都是我们的目的。"也许是为了卖弄，也许是为了增强说服力，总之他非常自信地对我们说："这句话出自《圣经》。"

老天，怎么有人能犯下这么愚蠢的错误呢？谁都知道，那句话和《圣经》一点关系都没有。他错了，确确实实是错了，这一点我是知道的，而且也是绝对肯定的。为了使我显得比他聪明，为了使我看起来比他知识渊博，我授权自己作为一个不受欢迎的家伙指出了他的错误。是的，我要告诉他，这句话是出自威廉·莎士比亚的著作，而并不是他所谓的《圣经》。那个人太固执了，他坚持认为自己的观点是正确的，甚至还愤怒地说："你说什么？你说这句话出自莎士比亚？简直是天大的笑话，这句话绝对出自《圣经》。"为此，我们两个争论得不可开交。

这个故事到这里已经讲了一半了，不过我决定先把它放一放，因为我要告诉女士们一些事情。相信女士们对我刚才所说的事情并不陌生，因为你们也经常会遇到这样的情景，然后和我一样做出愚蠢的举动。

事实上，争强好胜并不是男人的专利，女人同样也有这样的心理。而且，单从互相攀比的心理来说，女人可能比男人还要多一点。从心理学角度说，女性的虚荣心理往往比男性要强，而她们的自尊也往往要强于男性。在这种心理的支配下，很多女士都希望在特定的场合，尤其是在众目睽睽之下，证明别人是错的，自己是对的。不过，所有人，我说的是所有人，包括男人也包括女人，都不希望自己的权威和尊严受到挑战。当你试图改变他们的想法时，他们会严守自己的阵地，坚决不做出任何退让。这时，那些好胜的女士们也不甘心落后，于是选择了与别人争论，而且一定要争论出个结果来。

好了，我们再回到刚才的那个故事中。当时，我们两个争论了很长时间，谁也不能说服谁。非常幸运的是，当时我的一个老朋友加蒙就坐在讲故事的人的右边，他可是个研究莎士比亚的专家。所以，我们决定找他作为裁判，来证明一下，到底谁是正确的。

让我感到意外的是，加蒙先生偷偷地用脚踢了我一下，然后说："很遗憾，戴尔，这次你错了，这位先生是对的，这句话的确出自《圣经》。"

也许你们无法想象我当时的感受，总之那是一种很让人难受的感觉。在回家的路上，我忍不住问他："加蒙，你是知道的，这句话的确出自莎士比亚。"加蒙点了点头，说："的确，你没有错，但我们只是一个客人，为什么要证明他是错的？为什么不去保住人家的面子？你为什么要与人争论？这难道能使他喜欢你？记住，永远避免正面冲突。"

故事讲完了，加蒙那句"永远避免正面冲突"我永远记在心里，尽管今天他本人已经离我而去。我不知道当各位女士和别人争论不休的时候会不会有一个人在旁边对你说出这样的话，我希望有。但我知道，你的自尊心、虚荣心和优越感使你根本听不进这句话，因为你要通过争论来证明自己。

我不知道各位女士是怎么看待争论不休的，但我认为争论的后果最终只有 3 个。

争论不休的后果

不会有任何结果；

只能使对方更加坚定自己的看法；

你永远是失败者，因为你什么也得不到。

我说这些话并不是没有根据的，因为我向来就是一个执拗的辩论者。年少的时候，我很热衷于参加各种辩论活动。长大以后，我也非常热衷于研究辩论术，甚至还曾计划写一本有关辩论的书。不过，在我进行了数千次的辩论以后，我得到了一个结论：避免辩论是获得最大辩论利益的唯一方法。

多年前，我的训练班中来了一位名叫苏菲的爱尔兰人。她是一名载重汽车的推销员，可是她从来没有一次成功地将自己的产品推销出去。我试着和她进行了一次谈话，发现她虽然受教育很少，但却非常喜欢争执。不管在什么情况下，只要她的买主说出一丝贬损她的产品的话，她都会愤怒地与人家进行一场争论。她还告诉我，她认为她教会了那些家伙一些东西，只不过她的产品没有卖出去而已。

面对她这种情况，我没有直接去训练她如何说话，而是反过来让她保持沉默，不再与人发生口头冲突。事实证明：我的方法是有效的，因为苏菲如今已经是纽约汽车公司的一名推销明星了。

事实上，每一位女性都是一名推销员，不同的是，苏菲推销的是载重汽车，而女士们推销的则是她们自己。相信，如果女士们想要成功地把自己推销出去，成为受人欢迎的人，那么她们必须要做的就是不去与人争论。然而，很多女士都不能自觉地做到这一点。她们更加热衷于陶醉在那种与人争论的美妙感觉中，因为在争论之中，她们永远都不会失败，不管对方如何"苦口婆心"，女士们始终会坚持自己的观点。

我也曾经做过努力，努力地去寻找一些争论不休能给人带来的好处。很遗憾，尽管我已经尽力了，但始终没有发现它的一丝正确性。老富兰克林曾经说："如果你辩论、争强、反对，你或许有时获得胜利。不过，这种胜利是十分空洞的，因为你永远得不到对方的好感。"

我十分赞同富兰克林的话，因为他的话也代表了我的观点。我可以明确地告诉各位女士，争论不休对于你来说真的没有一丁点的好处。

我不知道我这么说是否能让各位女士明白，你在与人交际的过程中，你在为人处世的过程中，妄图通过争论来改变对方的想法，这种做法是相当愚蠢的。虽然你也许是对的，或是你根本就是绝对正确的，但是你在改变对方的思想这方面，可以说是毫无建树。这一点，和你本身就是错的没什么两样。

我不知道女士们为什么还要去争论，你能从中得到什么。有两个结果摆在你面前，一个是暂时的、口头的胜利；另一个是别人对你永远的好感。不知道女士们会选择哪一个？反正换了是我，我绝对会选择后者，因为这两者你很少能够兼得。

实际上，那些真正成功的人是从来不喜欢争论的。我喜欢举林肯的例子，因为他在为人处世上非常的成功，而且他的这一套技巧完全没有性别限制，也就是说对女性同样适用。林肯曾经重重地责罚过一个年轻的军官，仅仅是因为他与别人产生了争执。林肯狠狠地教训了军官一顿，其中有一句话颇具深意："与其因为争夺路权被一只狗咬，还不如事前给狗让路。不然的话，即使你把狗杀死，也不可能治好伤口。"

我非常赞同这句话，并不是因为这是林肯说的，而是因为有人确实运用这句话解决了很大的问题。

巴森士是一位所得税顾问，有一次他与一位政府税收的稽查员争论起来，起因是关于一项9000元的账单。巴森士坚定地认为，这9000元的账单的的确确是一笔死账，是不应该纳税的。而那名稽查员则认为，无论如何，这笔账都必须纳税。他们两个不停地争论，一个小时过去了，双方谁也没有说服谁。

最后，巴森士决定让步。他决定改变题目，不再与稽查员进行争论。巴森士说道："我认为，与你必须做出的决定相比，这件事简直微不足道。尽管我曾经研究过税收问题，但我毕竟是从书本上学到的，而你却是从实践中学来的。"

"你知道当时发生什么了吗？"巴森士得意地对我说，"那位稽查员马上站起身来，和我讲了很多关于工作上的事，最后居然还和我讲有关他孩子的事。3天以后，他告诉我，他可以完全按照我的意思去做。这太神奇了！"

女士们可能会认为，这位巴森士是一位顾问，作为女人不可能会有如此深的心机。其实，巴森士并没有运用什么高超的技巧，他只是避免了与稽查员正面的冲突，这就足够了。因为那位稽查员有自重感，事实上每个人都有，而巴森士越是与他辩论，他就越想满足他的这种自重感。事实上，一旦巴森士承认了他的重要性，他也会立即停止辩论。

我总结了一些方法，也许会对女士们不再去争论不休提供一些参考。

避免争论的方法

我觉得苏菲是一个很好的例子，你完全可以先让自己保持沉默；

你应该学会容忍别人所犯下的错误；

当别人指责你的错误时，你应该欣然接受；

你可以考虑运用改变题目的方法避免争论。

建议永远比命令更有"威力"

　　有一次，我的培训课上来了一位名叫丽莎的女士。她告诉我，她是一家广告公司设计部的主任，可是她现在的工作很不顺利，也很不快乐。当我问起是什么原因时，丽莎女士苦恼地说："上帝，我真的不知道是怎么回事。我不明白，为什么办公室里的每个人都好像在针对我。你知道，我是一名主任，可是我的话对于那些职员来说根本起不到任何作用，事实上他们根本就不听我的。"

　　听到这儿的时候，我已经知道这是一位将人际关系处理得很糟的设计部主任了。我想我能帮她，但我必须要找到她失败的原因。于是，我问她："丽莎女士，你平时是怎么和你的下属在一起工作的？"我清楚地记得，当时丽莎女士的表情很不以为然，她说："还不是和其他的人一样，我是主任，必须要对整个部门负责，也必须要对我的上司负责。我必须要他们做这个做那个，因为这是我的职责。可是似乎没有人能听我的。"我追问道："你是说，你在工作的时候是用'要'这个词，是吗？"丽莎女士很诧异地回答说："当然，卡耐基先生，要不你认为我应该用什么词？"我现在已经可以肯定地判断出丽莎女士失败的原因了，我对她说："丽莎女士，以后你再要别人做什么工作的时候，我建议你用另一种方式。你完全可以用一种提问或是征求的口气，而并不一定要用命令的口气，就像我现在建议你一样。你觉得呢？"

两个月后，当我再一次见到丽莎女士的时候，她已经完全变了一个人，变成了一个非常快乐的人。"卡耐基先生，我真的不知道该怎样感谢您！"丽莎女士兴奋地说，"您知道吗？您的那个办法简直太神奇了，现在部门的同事都和我成了要好的朋友，工作也开展得十分顺利。"

我真的非常为丽莎女士高兴，因为她听完我的话后，已经很清楚地看到了自己的不足，并能够马上把它改正过来。遗憾的是，似乎大多数女士到现在为止依然保持着丽莎女士从前的状态。女士们似乎更热衷于教别人做什么，而不是让别人做什么。也就是说，比起建议来，女士们更喜欢用命令的语气。

实际上，大多数女士都喜欢采用这种做法，因为这可以让她们的自尊心和虚荣心得到满足。然而，女士们的自尊心和虚荣心是得到满足了，可那些被命令的人却受到了伤害，失去了自重感。这种做法真的会使你的人际关系变得一团糟。

有一次，我和一位在宾夕法尼亚州教书的教师聊天，他给我讲了这样一个故事：

一天，一个学生把自己的车子停错了位置，因此挡住了其他人的通道，至少是挡住了一位教师的通道。那名学生刚进教室不久，女教师就怒气冲冲地冲了进来，非常不客气地说："是哪个家伙把车子停错了位置，难道他不知道这样做会挡住别人的通道吗？"

那名学生其实当时已经意识到了自己的错误，于是他勇敢地承认了那辆车是他停的。"凶手"既然出现了，女教师自然不会放过他，大声地说道："我现在要你马上把你那辆车子开走，否则的话，我一定让人找一根铁链把它拖走。"

的确，那个犯错的学生完全按照教师的意思做了。但是从那以后，不只是这名学生，就连全班的学生都似乎开始和这个老师作对。他们故意迟到，还经常捣蛋。老实说，那段日子，那位脾气很大的女教师确实真够受的。

我真的不明白，那名教师为什么要用如此生硬的话语呢？难道她就不能友好地问："是谁的车子停错了位置？"然后再用建议的语气让那名学生把车子开走吗？我想，如果这位女士真的这么做了，相信那名犯了错的学生会心甘情愿地把车子开走，而她也不会成为学生们心目中的公敌。

我不知道女士们是否已经明白我在说什么，事实上从一开始我都在试图建议女士们改掉喜欢命令别人的作风。实际上，你不去命令他人做什么，而是去建议他人做什么，这种做法是非常容易使一个人改正错误的。你这样做，无疑维护了那个人的尊严，也使他有一种自重感。我相信，他将会与你保持长期合作，而并不是敌对。我建议女士们在改正这种做法之前，先看看下面这几点，因为这样也许能让你更加坚定信心。

我并不是在这里毫无根据地说，因为你采用命令的语气去让别人做事，危害是非常大的。

女士们，采用建议的语气让他人做事真的是一种非常有效的方法。事实上，这个道理是我从资深的传记作家伊达·塔贝儿那里学来的，而伊达·塔贝儿又是从欧文·杨那里学来的。

我真的很庆幸那次能有机会和伊达·塔贝儿共进晚餐。当时，我和她说我正在计划写这本书，于是我们就讨论起应该如何与人相处的话题。伊达·塔贝儿神采飞扬地告诉我，她为欧文·杨先生写了一本自传，书名就叫《欧文·杨传》。为了搜集素材，她曾经和一位与欧文在一起工作了3年的人谈话。我当时很奇怪，不知道为什么她说起这件事的时候会显得那样兴奋。伊达·塔贝儿告诉我说，欧文真的是一位处理人际关系的高手，他的员工都非常高兴能为他工作。欧文从来没有指使过别人做什么事，他对人总是采用建议而不是命令的语气。

"你知道吗？戴尔！"伊达·塔贝儿兴奋地说，"欧文真是太高明了，他从来不会说'你去干这个'或是'他去干那个'。他总是会对别人说，'你可以考虑一下采用这种方法'或是'你觉得这样做怎么样'。他经常会对自己的助手说，'也许这样写会更妥当一些'。戴尔，我真的十分佩服他这种建议别人的做事方法，这使他在与人相处的时候始终立于不败之地。"

伊达·塔贝儿的话深深地触动了我，从那以后，我就把她的话牢记在心，并且也在平时刻意地按照这一原则去做。经过我的实践，我发现，这真的让许多我以前做起来很头疼的事变得简单，因为无礼的命令只会让人对你产生怨恨，只有真诚的建议才能让别人接受你的意见。

女士们，我想你们已经非常明白我的意思了，因此我十分诚恳地建议你们能够按照我所说的去做。不管你是一名普通的女性，还是某个部门的主管，掌握这一技巧，都无疑会让你受用无穷。

伊丽莎白女士是英国一家纺织厂的总经理，应该说她是一个精明能干的女性。有一次，有人提出要从他们的工厂订购一批数目很大的货物，但要求伊丽莎白女士必须能够保证按期交货。坦白说，这个人的要求有些过分，因为那批货确实数目不小，况且工厂的进度早就已经安排好了。如果按照他指定的时间交货，当然不是不可能，但那需要工人加班加点地干。

伊丽莎白女士非常愿意接受这项业务，但她也考虑到这可能会使工人有怨言，甚至给自己招来一些不必要的麻烦。她知道，如果自己生硬地催促工人们干活，那么肯定会使自己陷入尴尬的境地。

这时，伊丽莎白女士想到了一条妙计。她把所有的工人都召集到了一起，然后把这件事的前前后后都说得非常清楚。伊丽莎白说："这项业务我非常愿意承担，因为这对我们工厂的发展是有好处的，而你们所有人也都能获得利益。不过，我现在很犯难的是，我们有什么办法可以达到这个客户的要求，做到按期交货呢？"接着，伊丽莎白女士又说："我真的不知道该怎么办，你们有谁能想出一些办法，让我们能够按照他的要求赶出这批货来。我想你们比我更有发言权，你们也许能够想出什么办法来调整一下我们的工作时间或是个人的工作任务。这样，我们就可以加快工厂的生产进度了。"

员工们在听完伊丽莎白的建议后，并没有像她事前想象的那样发牢骚或是抗议，相反却纷纷提出意见，并且表示一定要接下这份订单。工人的热情很高，都表示他们一定可以完成任务。更加让伊丽莎白吃惊的是，有人居然还提出愿意加班加点地干，目的就是要完成这项订单。

事后，伊丽莎白和她的朋友说："那一次，工人们的举动真的令我太感动了，我真的不知道该怎么感谢他们。"她的朋友回答说："伊丽莎白，这是你应得的，因为你先尊重了他们，使他们有了自尊，所以他们的积极性才会发挥出来。"

女士们，我真心地希望我所说的东西能够给你们提供一些帮助。我希望你们能够明白，建议其实是一种维护他人自尊的好办法，更加容易使人改正自己的错误。它给你带来的会是对方诚恳的合作，而不是坚决的反对。

最后，我想给女士们提一些建议，那就是你在运用这项技巧的时候，有一些事情是要注意的。

建议别人的注意事项

一定要发自真心地、真诚地去尊重别人；

态度必须要诚恳。

建议别人的技巧

用提问的方式让别人去做你想要他们做的事；

在和他们说话时，你可以采用商量的语气。

相信如果女士们从现在起真的做到这一点的话，那么你们一定可以成为最受欢迎的人。

别忘了，保全别人的面子很重要

  我想各位女士一定注意到了这一点，我一直都在强调与人相处时首先要做到的就是尊重对方，使对方有一种自尊感和自重感。是的，这一点对于我们是否能和别人愉快地、融洽地相处有着至关重要的作用。实际上，别人这种自尊感和自重感就是我们平时所说的"面子"。因此，我在这里必须要向各位女士再一次强调这一点，保全别人的面子是很重要的。

  可是，我不得不遗憾地说，这似乎并没有引起大多数女士的注意。女士们更乐于直接指出别人的错误，采用一种践踏他人情感，刺伤别人自尊的方法来满足自己的虚荣和自尊。很多女士都很少考虑别人的面子，她们更喜欢挑剔、摆架子或是在别人面前指责自己的孩子或是雇员，而并不是认真考虑几分钟，说出几句关心他们的话。事实上，如果我们能够设身处地地为别人想想，然后发自内心地对别人表示关心，那么情景就不会那么尴尬了。

  几年前，著名的通用电气公司曾经碰到过一个非常棘手的问题，因为他们不知道该如何安置那位脾气古怪、暴躁的计划部主管乔治·施莱姆。通用公司的董事们必须承认，乔治·施莱姆在电气部门称得上是一个超级天才。对于他来说，没有什么是不可能的。董事们非常后悔，后悔当初把乔治调到计划部来，因为在这里他完全不能胜任自己的工作。虽然有人提出直接告诉乔治这个调换职位的决定，但公司的董事们并不愿意因此而伤害到他的自尊，因为他毕竟是一个难得的人才，更何况这个天才还是一个自尊心非常强的人。最后，董事们采用了一种很婉转的方法。他们授予乔治一个公司前所未有的新头衔——咨询工程师。实际上，所谓的咨询工程师的工作性质和乔治以前在电气部门的工作性质完全一样。但是，乔治对公司的这一安排表示非常满意，没有向上级部门发一点的牢骚。这一点，公司的高层领导非常高兴，因为他们庆幸自己当初选择了保留住乔治面子的做法，否则这位敏感的大牌明星准会把公司闹个底朝天。

我只想告诉女士们，有些时候批评他人或是惩罚他人并不一定非要直白地进行，我们完全可以委婉地、间接地达到自己的目的。如果能够在保住别人自尊的情况下指出别人的错误，也许他们更能够接受你的意见。

前几天，我和一位宾夕法尼亚州的朋友聊天。他给我讲了一件发生在他们公司的事情，使我更加坚信保留别人的面子是很重要的事情。

"事情是这样的。"我的那位朋友说，"有一次，我们公司召开生产会议。会议刚开始，公司的副总就提出了一个非常尖锐而且让人下不来台的问题，那是一个关于生产过程中的管理问题。"听到这儿的时候，我不免插嘴道："这是很正常的事，一个公司有了问题就必须提出来！""是的！"我的那位朋友点了点头，"你说得很对，戴尔！副总指出的问题并没有错，但是他不应该气势汹汹地把所有的矛头都指向当时的生产部总督。天啊！当时的场面真的很令人尴尬。我们都能感觉到，总督确实生气了，但是他怕在所有的同事面前出丑，所以对副总的指责沉默不语。戴尔，你真的不能想象，总督的沉默反倒更加激怒了副总，最后副总甚至骂总督是个白痴、骗子。""那后来怎么样？"我又插了一句嘴。我的那位朋友摇了摇头，面带遗憾地说："我想，即使以前的关系再好，由于副总使他在众人面前颜面尽失，那位总督也不可能继续留在公司。事实上，从第二天起，总督就离开了公司，成了我们一家对手公司的新主管。我知道，他是一位非常不错的雇员。事实上，他在那家公司做得非常好。"

从这位朋友讲完这个故事以后，我时刻提醒自己，不管在什么时候，都要首先考虑如何保留别人的面子。我的一位会计师朋友苏菲告诉我，她对这一点的体会是非常深的。

"会计师这一职业是有季节性的，因为我们的业务就是这样，我不可能在没有业务的情况下雇用那些有能力的会计师们。"苏菲有些无奈地说，"说真的，戴尔！你知道吗？解雇一个人并不是什么十分有趣的事，事实上我也知道，被别人解雇更是一种没趣的事。但是我没有别的选择，我必须在所得税申报热潮过后，对很多人说抱歉。其实，我们都不愿意面对这样的现实，我们这一行还有一句笑话：没有人愿意抡起斧头。是的，谁也不愿意去解雇任何人。不过，做我们这行的都知道，自己迟早是会面对的，躲是躲不过去的。因此，大家似乎都已经变得没有了感觉，心里只是希望能够早一天赶走这种痛苦。大多数时候，人们都会以这样的方式说话：'你知道，现在旺季已经过去了，所以我们没有再继续雇用你的必要。你放心，当旺季再一次来临时，我们还会继续雇用你，所以你只好暂时失业。'这对于别人来说真是太残忍了，而且往往那些人不会再回来为你工作。因此，我从来不对人这么说。"

我对苏菲的话非常感兴趣，追问道："那么你是怎么和那些会计师们说的呢？"

苏菲有些得意地说："我从不做这种伤害人自尊的傻事，当我不得不去解雇某些人时，总是委婉地说：'某某先生，您的工作做得非常好，我也非常满意。我记得有一次您去纽约，那的工作简直太令人厌烦了，可是您却把它处理得井井有条。我真难想象，您居然一点差错都没出。我希望您知道，您是我们公司的骄傲，我们对您的能力没有一丝的怀疑，我希望您能够永远地支持我们，当然我们也会永远地支持您。'"

"然后呢？"我不解地问。苏菲笑了笑说："然后就给他结了账，让他离开了。事实上，作为一名会计师，每个人都非常清楚，到这个时候自己肯定会面临失业。他们在面对本来就会发生的事情的时候，更希望获得的是一份尊严。我，苏菲，给了那些会计师们尊严，而他们也非常乐意再一次回到我们这里帮我继续工作。"

我想各位女士已经体会到了保留他人面子的重要性。是的，它往往会使你得到意外的收获，也会让你的人际关系变得融洽、自然、和谐。我不得不再重申一次，保留别人的面子对你是有很大帮助的。

保留别人面子的好处

使别人愿意接受你的意见；

不会使你陷入尴尬的境地；

达到你做事的目的；

帮助别人改正错误；

让你成为一个受欢迎的人。

为了让女士们能够更加相信我所说的话，我还有必要告诉你们，如果你不保留别人面子，将会给你带来哪些麻烦。

不保留别人面子的危害

别人会拒绝你的意见；

你的人际关系将变得一团糟；

使问题更难解决；

毁掉一个人。

有些女士可能会认为我是在危言耸听，我们不去保留他人的面子，无论如何也不能说就毁了一个人。事实上，我并不是在故意地夸大其词，因为如果你有意地伤害了别人的自尊，那么真的有可能使他永远不能回头。幸运的是，当玛丽小姐出现问题时，她遇到的是一位"仁慈"的雇主。

玛丽在一家化妆品公司做市场调查员，这是她刚刚找到的一份新工作。玛丽很兴奋，也很高兴，上班的第一天她就接到了一份重要的工作——为一个新的产品做市场调研。可能是由于太激动，也可能是因为对于新的工作还不熟悉，总之玛丽做的市场调查出现了非常严重的错误。

"卡耐基先生，您知道吗？当时我真的要崩溃了，真的！"玛丽说道，"您也许不知道，由于计划工作中出现了一些错误，导致我所得出的所有结果都是错误的。那就意味着，如果想完成这项任务，我就必须要从头再来。本来，让我重新开始工作并没有什么大不了的，但关键是报告会议马上就开始了，我已经完全没有时间去改正错误了。"

是的，一切的错误似乎都已经无法挽回。据玛丽回忆说，当她在会上给众人做报告的时候，她已经被吓得浑身发抖。她一直都在克制自己的情绪，希望自己不会哭出来，因为那样的话一定会让大伙嘲笑她的。最后，玛丽实在忍不住了，就对他们说："这些错误都是我造成的，但我希望公司能给我一次机会。我一定会重新把它们改正过来。"玛丽说完之后，本以为老板一定会狠狠地训斥她一顿。可没承想，老板不但没有大声指责他，反而先肯定了她的工作，并对她的认错态度表示欣赏。接着，老板又对她说，刚入门的调查员在面对一项新计划的时候，难免会有一些差错，这是不可避免的。他相信，经过这次教训之后，玛丽一定会变得非常严谨、认真，她的新计划也一定会完美无缺。

玛丽对我说，她那一次真的非常感动，因为老板当着众人给足了她面子。从那一刻起，她就下定了决心，以后绝对不会再让这样的事情发生。

女士们必须牢记这一点，即使别人犯了什么过错，而这时我们是正确的，我们仍然要保留他们的面子。因为如果不那样的话，我们有可能毁掉这个人。

宽容别人是对自己的解救

有一次，我到华盛顿拜访我的朋友罗宾，他是一位有名的心理医生。吃晚饭的时候，罗宾给我讲了一个他亲身经历的故事：

几年前，罗宾在一次名为"拯救灵魂"的公益活动中认识了59岁的伊丽莎白女士。当时，这位女士看起来并不开心，而且罗宾能看得出来，这位女士看那些失足孩子的眼神里并没有慈爱，而是充满了憎恨。罗宾走上前来和她打招呼，并问她是否需要什么帮助。伊丽莎白女士看了看罗宾，又看了看那些孩子，恶狠狠地说："他们都是凶手，杀人犯！"

事后，罗宾了解到，原来伊丽莎白曾经有一个儿子小乔治。可是很不幸，就在小乔治15岁那年，因为一个特殊的意外，被一群社会上游荡的坏孩子乱刀砍死。从那以后，伊丽莎白女士的心中充满了仇恨。每当在街上看到那些行为不端的不良少年时，她都有一种冲过去杀死他们的冲动，而且这种冲动越来越强烈。

罗宾知道事情的缘由之后，决定帮助伊丽莎白女士摆脱这种痛苦的折磨。他找到伊丽莎白，对她说："夫人，您的经历我都已经听说了，但仇恨是解决不了任何问题的。事实上，这些误入歧途的孩子才是最可怜的，因为他们的父母很早就把他们抛弃，而社会也没有给他们足够的尊重。应该说，他们从出生的那天起，就不知道温情是什么滋味。"

　　伊丽莎白女士显然不愿意接受罗宾的话，气愤地说："那又怎么样？关我什么事？我只知道，他们夺走了我的小乔治。"

　　"那只是个意外而已，女士，你为什么放不下这些怨恨呢？"罗宾平静地说，"我可以向你保证，如果你能够以宽容的态度对待那些孩子的话，说不定你的小乔治就能够回来了。"

　　罗宾讲到这儿的时候，我已经有些迫不及待，因为我急于知道伊丽莎白女士是否从痛苦中走了出来。罗宾告诉我，那位女士做到了。她尝试着参加了"拯救灵魂"团体，并且每个月都会抽出两天时间去离她家不远的一家少年犯罪中心，与那些她曾经深恶痛绝的孩子们进行零距离的接触。开始的时候，伊丽莎白女士还有些不自然，但是过了一段时间，她发现原来这些孩子真的有她以前不知道的一面。这些孩子在内心十分渴望得到别人的爱，有的甚至只希望能够深情地呼喊一声"妈妈"。伊丽莎白女士终于融入了这个团体，并像其他人一样认领了两个孩子。她每个月都会去看望这两个孩子，而且每次总是给他们带去她亲手制作的美味食品。当那两个孩子从犯罪中心走出去的时候，伊丽莎白又认下了两个新的孩子。这种做法一直持续了很多年。

就在前几天，伊丽莎白女士离开了人世，临终前她握着罗宾的手说："我已经没有什么遗憾了，因为我从来没有如此的幸福过。我真的不能想到，我用我的爱心宽容地对待了那些孩子，而他们给了我一直渴求的天伦之乐。我拯救了他们，也解救了我自己。"

这件事对我的触动很深，因为我看到了人类最伟大的美德——宽容的力量。女士们，你们也一定都会为伊丽莎白女士感到高兴，因为她在自己生命中的最后几年，以宽容的态度将自己从失去儿子的痛苦中解救出来。不过，我很遗憾地说，女士们虽然会为伊丽莎白女士解救自己的做法感到高兴，但似乎并没有要解救自己的意思。

我的这一说法并不是凭空捏造的，因为在我的培训班上，很多女士都不能以宽容的态度对待别人犯下的错误。那些女士们曾经向我诉苦说，她们越来越感觉这个世界没有温暖，因为她们原来的朋友变成了自己的敌人，而那些与自己素不相识的人也会伤害到自己。她们告诉我，她们觉得生命对她们来说只不过是一个时间概念，因为她们没有朋友，所以根本体会不到生命的乐趣。

每当这个时候，我都会给她们讲伊丽莎白女士的故事，告诫她们应该以宽容的态度对待别人。那样，她们就会给自己赢得很多人的爱戴，同时也会使自己得到解救。

女士们，如果你从现在起真的能够做到宽容地对待别人，那么你也就真的开始了成功的第一步，因为你马上就会变成最受欢迎的人了。

事实上，这种宽容的态度就是人际关系的润滑剂，人与人之间友谊的桥梁。女士们可能会认为，宽容是对别人而言的，因为那样的话别人可以不接受错误的惩罚，也可以不接受良心的谴责。但是，我却要告诉各位女士们，宽容最大的受益者实际上是你们，而并不是别人。这点不是我说的，是我的朋友威玛女士说的。

威玛是美国最早的音乐经理人之一，她与那些世界上一流的音乐家们打了很多年的交道。我对威玛的成功非常感兴趣，因为谁都知道，那些音乐家的脾气往往都很古怪、任性、刻薄，总是会有意无意地给你制造出这样或是那样的麻烦。

"戴尔，你太紧张了！事实上我一直把他们当孩子看。"面对我的提问，威玛笑呵呵地说："他们经常会做出很多恶作剧，甚至有的人还会撒娇。我也必须承认，他们有些时候真的有些过分，因为他们伤害到了我。"

"那你是怎么应对这一切的呢？"我最感兴趣的还是她处理问题的方法。

威玛有些神秘地说："其实很简单，这里有一个秘诀。我从来不把他们当敌人看，我对他们犯下的一切错误都很宽容。是的，宽容就是我的唯一秘诀，我也是宽容最大的受益者。"说完之后，威玛爽朗地笑了几声，然后给我讲了一个很有趣的故事。

有一段时间，威玛女士担任了一位最伟大的男高音歌唱家的经纪人。这位歌唱家的声音可以震动整个首都大戏院里所有的高贵观众。可是，这位伟大的音乐艺人却是一个脾气暴躁、爱耍性子的人。在威玛之前，很多人都因为和他脾气不和而宣布退出。

这天，威玛敲开了歌唱家的门，问他是否已经准备好了今天晚上的演出。只见这位歌唱家皱着眉头说："对不起，我的威玛，我嗓子现在真的很不舒服，我觉得今天晚上的演出有可能取消。"

"是吗？那简直太不幸了，我的朋友！看来我只能取消这次演出。"威玛平静地说。

歌唱家有些不相信自己的耳朵，问道："你说什么？我简直不敢相信你在说什么。"

威玛说道："我是说对这件事我感到很遗憾。当然，这次您可能只是损失一些金钱，但我认为这和您的声誉比起来，简直不值一提。"

歌唱家若有所思地说："哦！你最好下午5点钟左右再来，因为那时候我可能会好一些。"

事实上，那天的音乐会如期举行了，而且歌唱家发挥得还非常好。后来，歌唱家对威玛说："我真的不能想象你会如此地宽容我的任性和固执。谁都能看得出，我当时完全是装出来的。以前，那些经纪人对我的这种做法很不满意，他们总是对我大喊大叫，大发脾气，认为我不能体谅他们。而你，威玛，不但没有发脾气，反而发自内心地关心我，这一点太让我感动了。即使我真的嗓子不舒服，我也一定会坚持在舞台上表演。"

女士们，我相信你们都是最优秀的，也是最善良的，因为这是上帝赐予你们的独特魅力。我相信，女士们在面对一些人的错误时，哪怕是一件非常严重的错误，你们也一定会以宽容的态度对待。因为这是女性的美德，也是女性获得别人的喜爱，将自己从痛苦中解救出来的最好方法。

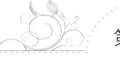

第二章

好心态会带来好福气

快乐就是健康，忧郁就是疾病。

——［美］马克·吐温

做自己喜欢的事

　　艾瑞是一家公司的职员。一天，她回家的时候显得非常疲惫。是的，她太累了，感觉头疼、背疼，没有食欲，唯一想做的就是上床休息。母亲心疼艾瑞，一再劝说她还是吃一点。没办法，艾瑞只好坐在餐桌前，象征性地吃了几口。这时，餐厅里的电话突然响了起来，原来是艾瑞的男友邀请她去跳舞。再看看这时的艾瑞，完全变了一个人。她兴奋地冲上楼，穿上漂亮的衣服，飞一般地冲出门去，一直玩到凌晨3点才回家。她不但没有感到疲倦，反而是兴奋得睡不着觉。

　　女士们可能会问，究竟是什么原因让艾瑞在瞬间就产生了两种截然不同的表现呢？难道说之前艾瑞的疲倦是装出来的？当然不是。艾瑞对她的工作不感兴趣，产生了厌倦感，所以她感到非常的疲倦。然而对于男朋友的盛情邀请，艾瑞则是兴趣十足，所以她才会显得非常兴奋。因此，我们不妨下这样一个结论：引起疲劳的一个主要原因就是倦怠感。

　　事实上，在这个世界中有很多个艾瑞，也许你就是其中一员。与生理上的操劳相比，情绪上的态度更容易使人产生疲倦感。我并不是毫无根据地在这里乱下结论，早在几年前，著名的心理学家约瑟夫·巴莫克博士就已经通过实验证明了这一点。

博士找来了几个学生，让他们做了一系列枯燥无聊的实验。结果，学生们都觉得烦闷、想睡觉，有的还说自己感觉头疼、心神不宁，甚至胃不舒服。可能有些女士们会认为这些症状都是因为倦怠而想象出来的，事实并非如此。博士还给这些学生们作了新陈代谢检测，检测结果显示：在这些人感到厌倦的时候，体内的血压及氧的消耗量都有着明显的降低。同样，一份无趣的、缺乏吸引力的工作往往会促使代谢现象加速。

可能一个实验不能使女士们信服，但我是相信的，因为我曾经有过亲身经历。一年前，我独自一人到加拿大洛基山中的路易斯湖畔度假。为了能够钓鱼，我不惜穿过高高的灌木丛，跨过无数个倒在地上的横木，最后到达珊瑚湾。想象一下，8小时的颠簸啊，这需要消耗多大的体力。然而，我却没有一丝的疲惫感。为什么？因为我在路上一直都在想："我马上就能钓到好几条肥美的大鳟鱼了！"正是这种兴奋的心情使得我不知疲倦。可是，如果我对钓鱼没有一点兴趣的话，那恐怕就会是另一种场景了。在一座海拔达7000英尺的地方来回奔走，这的确是一件累人的事情。

很多女士都把登山看成是一件非常消耗体力的事情，认为在所有体力劳动中这是最累人的。然而，储蓄银行的总裁基曼先生却对我说，其实登山一点都不累人，相反厌倦感才更容易使人劳累。

那是"二战"后的第十个年头，加拿大政府委派登山俱乐部提供一些指导人员，负责训练维尔斯亲王的森林警备队。当时，我们的基曼先生就是指导员之一，那时他已经有50多岁了，而其他指导人员的年龄也都在40岁以上。

艰苦的训练开始了，他们走过很多险峻的地方，整整进行了15个小时的登山活动。最后，那些年轻的队员全都疲惫地坐在地上休息。

是不是真的因为体力不支而感到疲惫？难道我们的皇家警备队就如此不济吗？不，答案显然不是。这些人不喜欢爬山，早在一开始就有人吃不饱、睡不香，这才是导致疲劳的原因。再看看基曼先生和他的伙伴，他们都是"老家伙"了，体力比年轻人差得远，可是他们却没有筋疲力尽。他们有些兴奋，晚饭后还一直谈论着白天遇到的事情。事实上，因为他们喜欢爬山，所以才不会觉得累。

事后，基曼先生对我说："如果说是什么导致人们的工作能力降低，那么答案恐怕就只有厌倦。"

如果女士们不是一个体力劳动者，那么你们的工作更不可能让你觉得疲劳。实际上，那些已经完成的工作并不会使你疲劳，相反那些没有做的工作却始终困扰着你。比如，昨天你的工作老是被打断，很多事情都进展得非常不顺利的话，那么你一定会觉得所有的事都出了问题，因为你感觉这一天你没有做任何工作。这样，当回家的时候，你就感觉到自己已经身心疲惫到了极点。

到了第二天，办公室里的工作突然一下子变得顺利起来。于是，你完成了比昨天多几倍的工作，可是你回到家的时候依然神采飞扬、精力充沛。我相信很多女士都有过这种经历，我也有过。因此，我们可以断定，疲劳往往并不是因为工作而引起，实际上罪魁祸首是烦闷、不满和挫折。

那么究竟该怎么做才能克服这种厌倦感呢？其实很简单，那就是做自己喜欢做的事。只要你能在工作中体会到乐趣、成就感和满足感，那么你就不会感到疲劳了。很多女士会认为我的说法是一种理想主义，因为并不是所有人都能找到一份自己喜欢的工作。的确，很多工作都是枯燥乏味的，但这并不代表它不能给你带来乐趣。速记员大概是世界上最枯燥的工作了，然而有人却能从中体会到乐趣。

有位女速记员在一家石油公司工作。她每个月总有很多天要处理一些乏味无聊、令人厌烦的东西，比如填写租约的表格或是整理一下统计的资料。这些工作简直无聊透顶，因此她不得不想办法改变工作方式，以便使她有兴趣干活。于是，她把自己当成对手，每天都进行比赛。中午的时候她会记下上午填了多少表格，然后告诉自己下午一定要尽力赶上。下班前，她再把一天的工作量全都计算出来，然后敦促自己第二天一定要想办法超过它。结果，她比其他任何一个速记员做得都要快。

虽然这位女速记员没有得到老板的称赞，也没有加薪，但是她却从此不再感觉疲劳，而且这种方法也对她产生了鼓励作用。她采用巧妙的方法使原本枯燥的工作变得有趣，而且也使自己充满了活力，于是在那一段时间，她从工作中得到的是快乐与享受。

维莉小姐也是一位速记员，每天也做着枯燥乏味的工作。一天，一个部门的经理要求她把一封很长的信重打一遍，维莉当然极不情愿。她告诉那位经理，重打这封信是在浪费时间，因为只需要改几个错别字就可以了。然而那个经理也很固执，非要坚持自己的做法，并表示如果维莉不愿意做，那么他就会找别人做。无奈，维莉只好答应经理的要求，因为她不想让别人趁机取代了她的工作，而且这份工作本来就该她干。于是，维莉没有了怨言，就试着让自己喜欢这份工作。开始的时候，维莉很清楚自己是在假装喜欢自己的工作，然后过了一会儿她就发现，自己真的开始有点喜欢了。同时，她还发现，一旦自己喜欢上了这份工作，很快就使工作效率有了很大的提高。正是在这种心态的作用下，维莉总是能用很短的时间处理好自己的工作。后来，公司的老总把她调到自己的办公室做私人秘书，因为他看到维莉总是高高兴兴地去做额外的工作。

其实，维莉小姐的做法与著名的哲学家瓦斯格教授的"假装哲学"不谋而合。瓦斯格教授曾经说："如果我们每个人都能够假装自己快乐，那么这种态度往往会让你变得真的快乐。这种做法可以减少你的疲劳、紧张和忧虑。"

著名的新闻分析家卡特本曾经在法国做推销员。当时，他这个不懂法语的外乡人必须在巴黎挨家挨户地推销那种老式的立体幻灯机。在别人看来，他的推销工作一定更加困难，至于说业绩，实在难以想象。然而，卡特本却在做推销员的那一年足足赚了5000法郎，是当时法国年薪最高的推销员之一。卡特本说，那一年的收获比他在哈佛读一年大学还要多。如今，他完全可以把国会的记录卖给一位巴黎妇女。

当然，在这其中卡特本付出了比常人多几倍的努力。然而，他之所以能够突破重重困难，就因为他一直有这样一个信念：我一定要让自己的工作很有趣。每天早上，他总会对着镜子说："卡特本，如果你想要生活的话就必须做这份工作，既然必须做，那么为什么不让自己快乐一点呢？当你敲开别人的大门时，何不把自己当成一名出色演员，而你的顾客就是你的观众？你所做的一切就像是在舞台上表演，你应该把兴趣和热诚投入其中。"正是有这些话的不断鼓励，才使他原本讨厌的工作变成了有趣的探险，这的确让人有不小的收获。

在一次采访中，我问卡特本先生是否有什么话对青年人说。他想了想，说道："每天早上都不妨自言自语一番。我们需要的是精神，是智力上的活动。因此，每天都不妨给自己打打气，让自己充满信心。"

的确，卡特本先生的话很有道理。如果我们每天都能和自己说说话，那么就可以逐渐让我们明白究竟什么是勇气，什么是幸福，什么是力量。这样一来，你的生活就会变得非常愉快，不再有任何的烦恼。

我想我们有必要温习一下如何克服厌倦感的方法，因为这对女士们的确有很大的帮助。

如何克服厌倦感

自己和自己比赛；

假装自己快乐；

每天都鼓励自己。

拥有点闲暇时间

在很久以前，我曾经也是一个被忧虑困扰的人。特别是在我的事业刚刚起步的时候，我每天都被工作拖累得疲倦不堪。虽然当时我知道这种状况不会持续很久，但我也必须承认，那段时光真的让人不堪回首。也许，人只有在经历过一些事情以后才能真正地成长。我想，如果那时的我有如今的心态，相信也不会每天过得那么狼狈了。

女士们可能不知道我在说什么。我知道，很多女士，特别是那些职业女士，她们每天的日程表都被安排得满满当当的。她们需要很早起来，因为做早餐是她们一天的第一项工作。接着，她们还要收拾餐具，然后再匆匆跑出家门。在单位熬了8个小时之后，她们拖着疲惫的身子回家了，可是依然不能休息。因为她们要做晚饭、收拾房间，有时还要洗衣服。这些女士大概是世界上最忙的人了，因此在她们的时间观里根本没有闲暇时间这个概念。当然，快乐这个词更加不会和她们扯上任何关系。她们最要好的朋友就只有忧虑。

有一次，我到巴黎去拜访我的一个远房表姐。我们已经有很多年没见了，表姐是在我 12 岁的时候嫁到巴黎的。表姐对我的到来感到非常高兴，还吩咐仆人要好好招待我。我发现表姐消瘦了许多，而且眼睛里也没有了昔日的光彩。我也很长时间没见她了，所以有很多话想要和她说。可是，表姐似乎并不愿意，因为我的到来而打乱了她原本的计划。

我到她家的时候已经是傍晚了，可表姐似乎正打算出去。一阵寒暄之后，表姐对我说："戴尔，你在家里先休息一下好吗？我必须得走了，因为我要去参加一个很重要的课程。"我点了点头表示理解。于是，表姐匆匆忙忙地跑出了家门。

吃完晚饭后，我和表姐家的老仆人聊起天来，问他表姐最近过得如何。老仆人告诉我，表姐最近过得很累，因为她丈夫已经失去了那份体面的工作。现在，她不得不和丈夫一起承担养家糊口的责任。虽然她不需要做家务，但是她总是会利用一切时间去赚钱。刚才她就是跑去给一个小女孩上钢琴课。我觉得很吃惊，就问："难道我表姐没有闲暇时间来放松自己？"老仆人叹了口气说："如果睡觉不是必须要做的事情，恐怕太太会选择一天工作 24 个小时。"这下我终于明白为什么我觉得表姐变了许多，原来这一切都是忧虑造成的，而导致忧虑产生的罪魁祸首就是"没有闲暇时间"。

亚里士多德曾经说过："人唯独在闲暇时才有幸福可言，恰当地利用闲暇时间是一生做人的基础。"的确，闲暇时间对于我们每一个普通人来说都是至关重要的，各位女士也同样不例外。新泽西公立医院的精神科主治医师约翰·克雷曾经说："人的精神如果总是处于紧张状态的话，很容易导致各种精神疾病的产生，而合理充分地利用闲暇时间则是缓解精神紧张的最佳方法。随着社会环境的变化，人们面临的生存压力也越来越大，因此很多人开始忽视闲暇时间。他们把享受闲暇时间看成是一种浪费生命的行为，认为那种做法会让自己陷入困境。实际上，为了能够适应整个社会环境，人们必须学会给自己减压，也必须让自己得到放松。否则，压力会让你精神衰弱、情绪紧张，继而会剥夺你的快乐和幸福。"

美国国家疾病研究中心的研究人员经过研究发现，一个人每天至少需要有 1 到 3 个小时的时间来做一些没有压力，轻松愉快的事情。如果没有这 1 到 3 个小时，那么人就容易变得焦躁不安、精神脆弱，甚至还会引发自杀倾向。此外，如果人的压力长期不能得到释放，那么就很容易给人造成心理上的负担，从而让人产生疾病，诸如胃溃疡等。而这些疾病其实是完全可以避免的，因为它们来自病人的心理。

相信现在女士们应该理解我在本文开头所说的那段话了。是的，那时候的我也不知道闲暇时间的重要性。为了实现自己的目标，我需要每天查找大量的资料，同时还要抽时间拜访很多人。我每天的工作时间超过了 15 个小时，同时还要再另拿出一到两个小时来备课。我真不知道自己当时是怎么过来的，只记得那时的我没有一天感到快乐。

如果我能够在那时想办法让自己拥有点闲暇时间，相信我也不会感到那么累。同时，我必须承认，那时候我的事业开展得并不顺利，因为我经常会发昏地不知道自己在做些什么。这些责任都该归咎于无休止的工作，要是我能早一点领悟，说不定会做得更漂亮一些。

我走过的弯路不希望女士们再走，因此我恳请女士们接受我的建议。不管你们身上的担子有多重，也不管你们每天的工作有多忙，善待自己，让自己拥有点闲暇时间都是一件非常重要的事。

有一次，当我在课堂上说出这句话时，一位女士马上就站起来反驳我的观点。这位女士大声对我说："卡耐基先生，你不觉得你的这种说法太理想化了吗？闲暇时间，难道我们不愿意享受生活吗？可现实是不允许的。我和丈夫住在一间公寓里，那个该死的房东每个月都会准时地来收取房租。此外，水费、电费、煤气费、孩子的教育费以及其他日常开支，哪一项不需要钱。难道像你说的，我们每天都给自己找出几个小时的休息时间，就能让自己过得快乐？笑话，当你看到我们房东那张可恶的脸的时候你就不会这么认为了。如果我有一个月不上班，那我们家肯定会陷入财政危机的。"

　　面对这位女士咄咄逼人的提问，我丝毫没有感到愤怒，也没有一丝的惊讶，因为我知道这正是很多职业女性所遇到的难题。于是，我问这位女士："那你每天下班之后没有时间吗？"那位女士有些不高兴地说："难道你认为一个女人不做家务是应该的事情？准备晚餐、洗衣服等家务活，哪一项不需要花费时间。通常，干完所有的事以后，已经是很晚了。哪还有什么时间来享受生活？至于说周六周日，更谈不上休息。因为平时没有时间，所以我们只好在休息的时候来一次大扫除。"我笑了笑说："我妻子和你的情况是一样的，但她总是会在8点以前就做完所有的事情，而且每周末也不需要搞什么大扫除。"那位女士显然不相信我的话，于是我接着说："我妻子买了一台洗衣机，虽然那会花一些钱，但绝对物有所值。她每天回家之后总是会先把该洗的衣服放在洗衣机里，然后着手准备晚餐。吃完晚饭后，她会借收拾餐桌的机会再清理一下家中的杂物。等到第二天早上，她只需要准备早餐，然后再简单做一些清洁工作就可以了。因此，我太太从来没有遇到过你的问题，因为她把一切都安排得很有秩序，而且她处理事情的效率也很高。"那位女士显然明白了我的话，因为她冲我做出了一个恍然大悟的表情。

　　女士们，合理地安排时间，有秩序地处理手头的工作是提高你的工作效率的最佳办法。只要工作效率提高了，那么拥有闲暇时间就不是一件不可能的事。如今，科学技术每天都在以惊人的速度发展，许多帮助人干活的机器都被发明出来。可能这些东西比较贵，比如电冰箱、洗衣机、吸尘器等，女士们会认为没有必要花钱购买。然而，我认为女士们大可不必这样想。如果让我花很少的钱来换取快乐的感觉，那么我会毫不犹豫地选择。倘若女士们非要算一笔经济账的话，这种投资也是很有价值的。道理很简单，这些机器为你节省了很多时间，使你能够得到充分的休息和放松。这样一来，你就会有愉快的心情和充沛的精力去迎接新的工作了。这无疑是一种最明智的选择。

不过，必须注意的是，并不是拥有了闲暇时间就达到我们所要的效果了。事实上，如果女士们不能把这些闲暇时间充分利用的话，那么还是无法起到事半功倍的效果。因此，有了闲暇时间之后，女士们面临的又一个问题就是如何充分合理地利用闲暇时间。

对于这一问题，我无法给女士们一个确切的答案，因为每个人的情况都是不一样的。不过，但凡那些在事业上取得成就的人，都有一个利用闲暇时间的秘诀。

享有盛名的"奥林比亚科学院"是由爱因斯坦组织的，这个学院每天晚上都会召开一个例会，而这段开会的时间对于爱因斯坦来说就相当于是闲暇时间了。不过，爱因斯坦很聪明，经常在会上为参加者准备一些上好的茶。于是，他们这些科学界的泰斗在一起边品茶，边讨论，很多非常重要的科学创见都是在例会上产生的。

实际上，爱因斯坦是把闲暇时间转变为工作时间了，只不过是更换了工作场景。然而，虽然同样是工作，但爱因斯坦在例会上得到了放松，而且还受到了不少启发。应该说，爱因斯坦利用闲暇时间是成功的，因为他已经达到了自己的目的。

那么女士们究竟应该怎么做呢？很简单，找一些自己最感兴趣的事情：

如果你喜欢文学，那么就利用闲暇时间多读读书；如果你喜欢音乐，那么就利用闲暇时间多听听歌；如果你喜欢诗歌，那么不妨在闲暇的时候写上一两首诗；如果你真的是太疲惫不堪了，那么你就不妨美美地睡上一觉。总之，利用闲暇时间的一个准则就是：让自己获得愉快享受。当然，如果你的行为可以让你从一个侧面充实自己的话，那就更加完美了。

生活不能太单调

在我的训练班上，有很多被忧虑困扰的女学员。她们总是向我抱怨说："天啊！我的生活太枯燥了，简直没有一丝快乐可言。我每天都是重复做着那些既无聊又琐碎的事情，这种平凡单调的生活我简直不能忍受了。"每当遇到这种情况，我总是会问她们："女士们，你们是如何支配你们的闲暇时间的呢？"这时，刚才那些还抱怨生活太单调的女士们马上就变得兴奋起来。她们有的说自己喜欢做健身，有的说自己喜欢看电影，还有的说自己喜欢种一些花草。

有一位叫多莉的女士告诉我，她最大的爱好就是收藏有关介绍厨具的杂志。于是，我要求多莉女士给我介绍一下她的收藏成果。女士们，你们知道吗？这时候奇迹发生了。多莉女士没有再去抱怨什么单调的生活，而是非常兴奋和骄傲地给我介绍她所知道的有关厨具的知识。我清楚地记得，她那次说了很长时间，几乎给我介绍了世界各地的厨具。当介绍完的时候，多莉女士的脸上再也找不到忧虑的表情了，取而代之的是快乐、幸福和满足的表情。

　　我高兴地对多莉女士说："祝贺你，你已经战胜了忧虑，你现在可以不必再过那种单调的生活了。"多莉女士有些茫然地问我："卡耐基先生，我不明白你说的话，我更加不知道我做了什么。"我笑着对她说："我知道你的家境并不富裕，所以你没有足够的财力让你去享受娱乐，你的生活的确是很单调。我知道，作为一个已婚的女士有很多烦恼，诸如房子、食物和孩子等。可是，当你把精力全都投入到你所喜爱的事情时，你还有时间去考虑那些令你烦心的事吗？你的生活还会觉得枯燥单调吗？"

　　多莉女士会心地笑了，因为她终于明白该怎样让自己不再被忧虑困扰了。女士们，不知道你们对我的意见有何看法。我认为，平淡、乏味、单调的生活，永远算不上幸福美满的生活。不管你们的身份是什么，也不管你们的职业是什么，总之，女士们，如果你想让自己快乐、幸福，那么你就必须把自己的生活变得不再单调，因为对你的生活、工作乃至健康来说，单调都称得上是一个冷酷的杀手。

　　女士们，鼓起勇气吧，让你的生活变得丰富多彩，这会让你的大脑获得很多的新鲜养料。不过，很多女士并不知道到底怎样做才能让自己的生活变得丰富。我给女士们答案，那就是兴趣。

　　不管什么样的事，即使在别人眼里看起来很无聊，只要你对它有兴趣，那么它就一定会给你带来很多的乐趣。家庭主妇应该是生活得最无聊的人群了，因为她们每天的事情就是重复地做家务。可是，如果她们能够抽出一点时间去参加家庭以外的活动而不是守在电视机前观看肥皂剧的话，那么她们既可以使自己过得快乐，也可以让自己有一个更好的心情去完成家务。

在我的训练班上有一个叫卡夏的女孩子，她和其他的学员有很大的不同。其他人来我训练班的目的大都是帮自己排除忧虑，而卡夏的目的则是充实自己，因为她从来没有忧虑过。我一直在注意观察她，发现她每天好像都很忙。

这天，我刚刚宣布下课，卡夏就又拿起自己的东西，准备离开教室。我叫住了她，很好奇地问她："卡夏小姐，你最近是不是在谈恋爱？我看你每天都好像急匆匆的。"卡夏笑了笑说："没有，先生，我只是要去上舞蹈课，晚上还要去学习绘画。"我有些吃惊地说："何必把自己的时间安排得这么紧？你这样不觉得太累吗？"卡夏对我说："不，卡耐基先生！每当我闲下来的时候，我总是不自觉地去胡思乱想一些东西。因此，我宁愿让自己忙碌、紧张一点，也不愿意去过那种单调无聊的日子。"说完，卡夏就和我道了别，转身离开了。

是的，卡夏小姐太明智了，她找到了一个使自己快乐的秘诀。正当我思考卡夏小姐的秘诀时，班上的另一位小姐奥立佛找到了我，对我说："卡耐基先生，我在您的训练班上也学习了一段时间了，我已经按照您教我的那样做了，可我还是不能让自己快乐起来。我喜欢看电影，这也是我唯一的爱好。于是，我经常去电影院，可是每次回来之后都很伤感。为什么电影里的人每天都生活得那么精彩，而我却注定要受到单调生活的折磨？"

我觉得，卡夏的快乐秘诀是非常适合奥立佛小姐的，于是我对她说："其实你的精彩就在你身边，只不过是你没有发现它们而已。虽然你喜欢看电影，可那却是你唯一的兴趣。正是这种单调的兴趣，才使得你如此不开心、不快乐，才使得你不能从单调的生活中解脱出来。为什么要这样对自己呢？你为什么不去培养自己新的兴趣呢？只要你能让自己的兴趣广泛起来，那么你就根本不会再去忧虑什么了。"

奥立佛做到了，她开始培养自己的新兴趣。后来，每逢周日她都会约上几个志同道合的朋友，一起去登山，而且每次都能从其中体会到前所未有的刺激。现在，奥立佛又对滑雪产生了浓厚的兴趣。虽然她还是个初学者，经常会因为技术不熟练而摔倒，但是她却从没有喊过疼。有一次，我在大街上遇到她，问她现在还觉得生活单调和枯燥吗？奥立佛笑着说："卡耐基先生，您可真会开玩笑！如今我哪里有时间去考虑那些烦心的事，我的要紧事还做不完呢。"

在我刚刚帮助完奥立佛小姐摆脱了忧虑之后，我的训练班上又来了一位作家，她的情况比奥立佛小姐要糟糕得多。这是因为，奥立佛小姐好歹还知道自己有个看电影的兴趣，可是这个作家却根本不知道自己喜欢什么。她曾经试图让自己喜欢绘画，可是她画出来的东西连自己都觉得恶心；她也曾经试图让自己喜欢小提琴，可她拉出来的声音简直是对人耳朵的一种折磨，摄影、运动、收藏……几乎所有的事情她都试过了，可没有一个成功的。

我知道，卡夏小姐快乐的秘诀并不适合这个人，因为她不是没有兴趣，而是没有一个兴趣能让她获得满足感。后来，我介绍了一位钢琴师朋友给她，让她开始学习钢琴，而且要耐心地去学。很长时间过去了，虽然这位作家仅仅能弹奏出一首简单的曲子，但它毕竟是完整的。现在，每当工作烦闷时，她都会以弹钢琴来打发时间。现在，她的生活中除了稿纸和书，还有了音乐。因此她再也不觉得生活是那么单调无聊了。

此外，我还要告诉给位女士，你们改变自己单调生活的同时，实际上也从客观上激发了你的潜能和活力。这一点，我是从我的邻居沃森太太身上发现的。

沃森太太上了年纪，丈夫也在几年前离她而去，孩子们也都不在身边。可是，沃森太太的生活并不像常人想象的那样枯燥乏味，单调无聊，相反她过得非常快乐和充实。丈夫死后，沃森太太把所有的精力都放在了培育鲜花上。现在，她已经拥有了一个自己的花园。每到晚上，邻居们都会来到她的院子里，和她一起欣赏那些美丽的鲜花。沃森太太听着别人对鲜花的称赞，享受着美丽的景色，内心十分满足。

不过，光有这些她还远不满足。不知怎么的，沃森太太居然迷上了桥牌。于是，每当周末或是空闲的时候，她总是会邀请一些同龄的邻居，和他们一起玩上几局。

后来，沃森太太居然还组织了一个桥牌协会，并且由自己担任会长。如今，沃森太太的协会已经有十几个人参加了，而且办得还有声有色。

有一次，我对沃森太太说："真让人难以置信，沃森太太，您现在可比以前精神多了，而且还显得年轻了许多。"沃森太太笑着说："谢谢你，亲爱的戴尔！当你到我这个年纪的时候，你就会明白的。如果我每天都愁眉苦脸的话，恐怕我早就跟随我的丈夫去了！你看，兴趣多了，生活也就自然有意思多了。"

女士们，你们还在等什么？难道你们不想改变单调的生活？行动起来吧，为单调的生活创造一些乐趣，试着给自己寻找一些新的兴趣。女士们，保持快乐是人生最幸福的事，然而最好的办法就是抓住生活中的每一个闪光点，让单调不再困扰你，让你能够愉快地享受生活。

我知道，很多女士都有这样一种想法，她们认为自己现在还没钱，不能去享受生活，最好的办法就是等到以后有了钱而且有时间的时候再去享受。女士们，这种想法既是错误的，也是可怕的。为什么我们要把快乐寄托在明天呢？难道快乐就必须要用金钱才能满足吗？一次轻松的旅游可能只需要你花费 100 美元，一件漂亮的衣服可能只需要花费你几十美元，一项小小的享受可能仅仅会花去你几美元，这些你们都做不到吗？不是的，女士们，你们完全可以做到，因此你们根本不必等待富贵之后再去说什么享受生活。

如果女士们还是不能从今天做起的话，那么即使你以后真的有了钱，也有了时间，你却不会再去享受快乐的生活了，因为你已经习惯了这种枯燥无味的单调生活。你没有了激情，也没有了那些雄心壮志，更不会有什么灵气。事实上，由于你常年压制自己的兴趣，如今的你已经用自己的快乐和健康换取了那些最不值钱的物质财富。

女士们，赶快行动起来吧，让自己拥有一个丰富多彩的、快乐幸福的生活。

不要把别人的批评太放在心上

　　我相信，每一位女士都不会认为自己是一个完美的人，因为不管是谁，都不可能是完美的。既然女士们并非完美，那么你们就一定会犯错误，而犯了错误就一定会受到别人的批评。事实上，有些时候即使你没有犯错误，但也一样会受到别人的批评，因为这些批评是充满恶意的责难。如果我在这里问各位女士是否能够把别人的批评不再放在心上，大多数女士给我的答案都会是"不能"。

　　是的，每一位女士在生活中都曾经遭受过别人的批评，不管这种批评是善意的还是恶意的。大多数女士面对批评时，往往是不能接受的。她们常常会被这些批评搞得愤怒、懊恼、忧虑或是烦躁不安。

　　有一次，我的培训班上来了一位女学员，名叫爱丽丝·波恩纳。她是一个成功的女性，因为她是美国一家大公司的副总裁，这对于一个女性来说，已经是非常难得的了。可是，这位在别人眼里看来很成功的女士，却并没有在她的工作中体会到一丝的快乐。

"卡耐基先生，我请你帮帮我，因为我实在受不了现在的处境了。"爱丽丝痛苦地说，"我希望自己能够做得足够好，而实际上我已经非常努力了。可是，我还是不能让所有人满意，因为他们似乎都以挑剔的眼光看待我。"

通过一段时间的交流，我发现，爱丽丝是一个对别人的批评非常敏感的人。在公司里，她渴望做到尽善尽美，希望所有人都把她当成一个完美的领导。一旦有人对她提出批评的意见，哪怕是很小的一个批评，她也会为此烦恼上几天。

为了让所有人都不再批评自己，爱丽丝做了很多努力，但这些努力往往却是弄巧成拙。她常常为了取悦一个人而得罪了另一个人，接下来又为了取悦第二个人而使其他人对她有意见。现在她发现，自己已经完全不能从别人的批评声中自拔出来了，因为为了不让别人批评她，她总是在取悦很多人的同时，又得罪了很多人。

我非常理解爱丽丝的心情，也非常同情她的处境。为了帮助她摆脱这种无尽的烦恼和痛苦，我决定用一些成功女性的事例来激励她。

于是，我对爱丽丝说："亲爱的爱丽丝女士，我有个问题想问您，您觉得您和罗斯福总统夫人比起来，哪一个更加成功？"

"您一定是在开玩笑，我怎么可能与总统夫人相比。"爱丽丝吃惊地说，"她在我的眼中是最成功的女性。"

我笑了笑，对她说："是吗？那太好了！你知道吗？罗斯福夫人完全可以算得上是拥有朋友最多以及拥有敌人也最多的白宫夫人。事实上，罗斯福夫人也是受到批评最多的白宫夫人。"

爱丽丝有些不相信我的话，问道："这不可能，像她这样的女性是不应该得到批评的。"

我说："可事实上是有的，我曾经采访过罗斯福夫人，问她是如何对待那些恶意的指责的。她告诉我，她曾经也是一个非常害羞而且害怕受到别人批评的女孩。那时候，她对别人的批评有着很深的恐惧。有一次，她跑到她的姑妈那里，问她姑妈：'姑妈，我很想做一些事情，但却总是害怕被别人批评。'姑妈看了看她，对她说：'不管做什么，只要你认为是对的，那就请你大胆地去做，根本没必要在乎别人的说法。'从那以后，罗斯福夫人就把这句话牢记在心，而且也把它变成了她在白宫岁月中的精神支柱。"

听到这儿，爱丽丝恍然大悟，马上明白自己以后该怎样处理那些批评声了。她高兴地对我说："我明白了，我是领导，那就势必逃脱不掉被别人批评。与其把它们放在心上，还不如学着习惯和适应它们。只有这样，才能让自己快乐起来。"

事实证明，爱丽丝做到了，现在她已经是一名成功并且快乐的女性了。可是似乎很多女士并不能像爱丽丝那样明白这个道理，她们在面对别人的批评的时候总是会耿耿于怀，或者马上站起来反击。实际上，女士们的种种表现都说明了一点，那就是你们还无法做到不被批评的箭中伤。女士们，你们必须清楚，将别人的批评放在心上是一件非常危险的事。

我想我这么说已经够明白了，就拿爱丽丝举例。她认为别人对她的批评是公司里每个人都很在意的事，而实际上别人根本没有将这些事放在心上。结果，为了能够平息一些人的怨气，她又得罪了另一些人。就这样，她真的让所有人都对她的批评感兴趣了，因为她得罪了所有的人。

女士们，如果你们能够笑对那些批评，那么你们就真的能够过上快乐的生活了。这一经验，是我从海军少将巴斯勒那里学来的。

巴斯勒是美国海军中最会耍派头的一名少将。他告诉我，他年轻的时候也非常敏感，因为他十分渴望能够成名，所以他很在乎自己给别人留下的印象。巴斯勒说，他自己以前真的太在乎别人对自己的评价了，哪怕是对他一丁点的批评，他也会好几天睡不好。在部队生活了几年之后，巴斯勒不仅练出一身结实的肌肉，而且还培养了自己坚强的性格。少将笑着对我说："我以前真的很可怜，因为我曾经被人称为流浪狗、毒蛇和奇臭无比的臭鼬。夸张一点地说，所有能在英文词汇中找出来的肮脏的词语，别人都曾经在我身上用过。可是如今，当我听到有人辱骂我时，我连一点最基本的反应都懒得做。"

事实上，巴斯勒很快乐，因为任何批评之箭都无法伤害到他。可是女士们并不快乐，因为女士们的自尊心根本受不了那支利箭的伤害。女士们面对别人的批评或是辱骂时，根本不可能做到没有一丝的反应，她们或是非常难过，或是也以批评和辱骂作为还击。

相信很多喜欢听广播的女士对朱丽亚·罗斯并不陌生，因为她是有名的电台女主播。事实上，这名聪明的女主播不但擅长播音，而且心理素质还非常过硬。每周日下午，朱丽亚总是要主持一档音乐节目，并且还总是喜欢加上一段音乐评论。可是，有一次，一位听众给她写信说，她是一个不折不扣的骗子、白痴、毒蛇。面对这样的语言，朱丽亚并没有任何过激的举动，而是在下一次的节目中，把这封信念出来了。不想，这个观众不依不饶，紧接着又写了一封恶毒的信。而朱丽亚在广播中说："看来这位观众是改变不了对我的印象了，因为他坚持认为我是白痴和骗子。"

女士们，难道你们不佩服朱丽亚的真诚和大度吗？如果不是这样的话，她怎么可能如此轻松地对待别人对她的批评呢？事实上，如果女士们不能正视别人的批评，那么不仅会使自己的生活变得烦恼、忧虑，同时还不可能取得真正意义上的成功。

相信女士们都知道我是很崇拜林肯的，而且对他也有一定的研究。林肯是政界的领袖，如果他和女士们一样，把别人的批评看得非常严重的话，恐怕他早就精神失常了。美国的麦克阿瑟将军，英国的丘吉尔首相，他们都十分欣赏林肯的一句话："对于那些恶意的攻击，只要我不做出任何反应，那么这些责难就变得没有意义，而且事情也很快就会结束。"

各位亲爱的女士，我希望你们能够真正地弄明白林肯的话。你们记住，不管什么事，只要尽力就好了，永远不要让批评的箭刺伤你的心。我们在生活中总是会遇到各种各样的批评，既然我们无法避免批评，那么我们就别再放弃选择是否要受它干扰的权利了。

最后，我必须强调一下，我说女士们不应该把别人的批评放在心上，这些都只是针对那些恶意的批评。至于那些善意的，而且对我们有很大帮助的批评，我们也应该接受，因为那样才会促使我们成熟起来。

学会放松，解除疲劳

女士们，你们感到疲劳吗？在我的培训课上，有很多女士不止一次地向我抱怨说，她们太累了，每天都生活在疲劳之中。

一位名叫露易斯的女士曾经和我说："卡耐基先生，我真的不知道生活对我来说意味着什么？我每天都生活在疲劳之中。白天我需要去上班，而且要忍受着老板的责骂以及那些烦人的文件的折磨。晚上下班之后，我还要料理家务，照顾我的丈夫和孩子。我太累了，现在真的体会不到一丝的快乐。"

我问露易斯女士："你为什么会感到这么疲劳？你每天晚上不都是休息得很好吗？"

"天啊，卡耐基先生，您这简直是在开玩笑！"露易斯显然有些不高兴，说，"您难道认为那短短几个小时的休息可以弥补我这一整天的疲惫吗？"

当时，我真的替露易斯女士感到惋惜，因为到那时为止她都没有对疲劳这个东西有一个正确的认识。实际上，导致她如此疲劳的原因并不是来自外界，而是完全出自她自己。

女士们可能对我的说法不相信，认为我这是一种不讲道理而且不近人情的说法。但是，不管你们相信不相信，事实就是这样。早在几年前，科学家们通过研究就已经得出这样的结论：不管你做什么工作，只要属于那些并不需要付出很大体力的工作，那么你就根本不可能会产生疲劳。我并不是没有凭据地在这里下结论，因为科学家们发现，当血液经过人类正在活动着的大脑时，是根本不会出现疲劳现象的。

　　我必须在这里解释清楚，我并不是否认人体会产生疲劳。如果你能够从一个正在从事体力劳动的人的血管中提取出一些血液样本，那么你就会发现在里面确实是充满了"疲劳素"，而这也导致那些人产生了真正疲劳的感觉。然而，如果你能够从正在聚精会神地搞研究的爱因斯坦的血管中提取出一些血液样本，那么你就会惊讶地发现，在这里面根本找不到一丝的"疲劳素"。为什么？为什么用脑量如此之大的科学家爱因斯坦没有一丝的疲倦，而用脑量远远不及他的各位女士却会每天都感觉那么疲倦？就像露易斯太太一样。

　　针对这一问题，我曾经请教过美国著名的精神病理学家唐纳德教授，他非常肯定地告诉我："不管你承认不承认，那些健康状况良好的脑力工作者其实是根本不会疲倦的。如果他们真的感到疲倦，那么就一定是由于自身的心理因素导致的，或者也可以说是情绪因素。"我赞同唐纳德教授的话，因为有人早就提出过这一理论。女士们如果不相信，可以去翻看英国著名的精神病理学家哈德菲尔德的著作《权力心理学》，里面曾经说过："精神因素是导致大部分疲劳产生的原因，真正的疲劳，也就是指那些因为生理消耗产生的疲劳，是非常少的。"

后来，我把我所知道的这些东西告诉了露易斯女士，希望对她能有帮助。露易斯告诉我："您说得很对，我每天确实都很疲劳，而这些疲劳实际上产生于我的忧虑和烦躁。我对我的工作不满意，我对我的家庭不满意，于是我不开心、烦躁、忧虑，每天都是带着头疼回家的。卡耐基先生，我真的需要您的帮助。"

我知道，露易斯确实需要帮助，因为她在和我说话的时候就显得非常疲倦。这时，我给了她一张纸，那是一份纽约生命保险公司的宣传单。在这份宣传单上，印着这样几句话：不管你的工作多辛苦，实际上都很少会导致你产生疲劳，特别是那些经过了休息和睡眠之后依然不能解除的疲劳。你必须承认，紧张、忧虑以及心乱如麻才是导致你身心疲惫的主要原因。可是，很多人并不这样认为，因为他们常常把这些归罪于身体或是精神上的操劳。你们必须牢记，紧绷的肌肉本身就在工作，所以你们要想缓解疲劳的最好办法就是放松自己。

这些话其实并不是仅仅给露易斯女士一个人看的，因为很多女士也正面临着和露易斯一样的难题。女士们，你们现在应该做的是检查自己，看看自己是不是处于紧张、慌乱和忧虑之中。你们保持住现在的表情和姿态，照一照镜子，看看你们的眉头是不是正在紧皱，看看你们脸部的肌肉是不是都紧张地收缩在一起。你感觉一下，自己的双肩是不是绷得很紧，你又是不是很轻松地坐在椅子上。如果你现在没有感觉自己就像一只毛绒玩具那样松弛的话，那么说明你很紧张，很忧虑，很烦乱，也说明你正在给自己制造疲劳。

相信女士们已经明白我要说什么了，的确，紧张其实才是导致疲倦的罪魁祸首，然而这种紧张却是女士们自己的情绪造成的。当然，这些导致紧张的情绪不可能是那些积极的，而是那些厌烦、不满以及各种焦虑等消极情绪。它们在无形中消耗掉了女士们很大一部分精力，使你们的精力衰退、四肢无力，最后让你们变得身心疲惫，感到疲倦。因此，我们应该说，大部分所谓的疲劳，都指的是精神疲劳。

女士们现在一定迫切地想要知道如何才能缓解自己的精神疲劳？其实，那份保险宣传单就已经教会了我们方法，那就是放松！放松！再放松！不管在什么时候，都要学会放松自己。

我曾经采访过著名的小说家薇姬·鲍姆，闲谈间，她给我讲了一个她童年发生的趣事。有一次，调皮的薇姬一个人跑到野外去玩，结果半路上不小心摔伤了自己的膝盖。这时，有一位老人走过来，把她扶了起来。老人一边帮她掸去身上的土，一边和她聊天："小姑娘，我年轻的时候，曾经是一个马戏团里的小丑。你知道，小丑是要做出很多滑稽的动作来引得别人发笑的，而很多动作却是很危险的。不过，我从来没有把自己弄伤过，因为我知道如何放松自己。小姑娘，你之所以会受伤，就是因为你不懂得如何放松。你应该把自己想象成一个很旧很旧的手帕。"

接着，老人教会了薇姬如何放松自己的方法，而且临走前还特意叮嘱她说："记住，把你自己想象成一张很旧很旧的手帕，那样你就会真正地放松自己了。"

其实，很多智慧都是来自于普通人，就像这个老人一样。女士们，你们也完全可以按照老人的话去做。你们应该时时刻刻、随时随地地放松自己。但一定要记住，千万不要紧张地告诫自己要放松，因为那样你实际上又给自己制造了新的紧张。

学会放松并不是一件非常困难的事，尽管你可能会花上很长很长的时间来改变目前的坏习惯，但这种努力是绝对值得的。因为如果你真的学会放松自己，赶走疲劳的话，那么你的一生都有可能随之而改变。有的女士可能会问："我应该从什么地方开始呢？是从放松我的大脑开始？还是从放松我的精神开始？"不，女士们，这些都不是你们要做的。你们现在应该做的，是首先学会放松你们的肌肉。

我们还是来做个实验吧！女士们可以把放松的目标锁定在

眼睛上，不过你还要紧张一会儿，因为你必须先看完这段文字。你把身体靠在椅子上，慢慢地、轻松地闭上你的眼睛，然后在心里对自己说："放松，放松，不去皱那可恶的眉头，放松，放松，接着放松，再放松……"不要停，女士们，你们至少应该持续一分钟左右。

怎么样，女士们？是不是已经开始有感觉了？我有了，因为我也正在运用这一方法。我的眼部肌肉开始听话了，我的整个脸也不紧张了。我仿佛觉得有一只无形的手将所有的紧张都赶走了。我并不是随便地把眼睛选为试验的部位的，因为导致人产生疲劳的最主要器官就是眼睛。华盛顿大学的埃瑞克·约翰逊博士曾经说过，一个人一旦能够放松了自己眼部的肌肉，那么他就完全可以让自己免于忧烦的困扰。这是因为，人眼部神经所消耗的能量约占全身神经消耗能量的四分之一。

女士们，接下来，你们完全可以按照这个方法去赶走你们脸上、颈部、双肩以及整个身体的紧张。

有一点我必须承认，这个方法并不是我总结出来的，而是女高音歌唱家嘎丽·卡西传授给我的。有一次我应邀去参观嘎丽的演出，开始前我到后台去看望她。不想，我看到嘎丽正坐在椅子上放松自己的肌肉，当时她的整个下颚都非常松弛地下垂。我问嘎丽为什么要这样做，她告诉我这是她出场前放松自己的最好办法，而且这使得她从来没有觉得累过。

我从嘎丽那里学来了经验，然后又告诉给了各位女士。后来，我为了让自己每天都生活得快乐，不至于被疲倦困扰，就在我的办公桌上摆上了一个白色的旧手帕。每当我精神紧张的时候，我都会把它拿起来，反复体会它在手上软绵绵的感觉。这时，我就提醒自己，一定要放松，放松，就像这只手帕一样。如果你是一名家庭主妇，你还可以找一只毛茸茸的懒猫，因为我从来没见过猫会因为紧张的情绪而精神崩溃。

　　当然，仅凭这一点是不够的，我还有一些其他建议送给女士们。

放松自己的方法

　　让自己随时保持轻松；

　　不让自己在紧张的环境下工作。

自尊自爱

"人一生可以说共诞生过两次：第一次是为生命而诞生，第二次则是为生活而诞生。正因为人诞生两次，所以人的自尊自爱也就发生两次：第一次的自尊自爱是相对于自然生命的，而第二次的自尊自爱则是相对于人的社会生命。如果你生命中的第一次自尊自爱没有发生的话，那么第二次自尊自爱也就无从说起了。只有第一次自尊自爱的人是不可能放出人性的光辉的。人诞生两次才能算是一个完整意义上的人，而自尊自爱也只有发生两次才能发展成为一个真正统一的、完美的人生。"

这段话出自卢梭之口，它深刻地揭示了人生的真谛。女士们，我想你们无一例外地都想得到别人的尊重和爱，这是每一个有思维的人都渴望的。的确，只有从别人的身上体会到了尊重和爱，这样的人生才有意义，才是快乐的。然而，很多女士在追求这种尊重和爱的时候往往忽略了一个非常重要的前提，那就是自尊自爱。

以前，我在密苏里州居住的时候，我们镇上有个女孩非常有名，大家都叫她"疯丫头"卡拉。那时卡拉还不到 20 岁，在一所中学念书。听人说，卡拉是个非常漂亮的女孩子，只可惜我从来没见过。关于卡拉的事，我都是从别人那里听来的。人们都说，卡拉是个性格豪爽、不拘小节的姑娘。虽然那时的我心智还不算成熟，但我听得出来那句话里含有讽刺的意思。

曾经有人这么说过："这个小镇人杰地灵，出过很多优秀的男孩。可是，如果你没有成为过卡拉的男朋友，那么你就永远算不上这个镇上真正优秀的男孩。"据说，卡拉交的男朋友完全可以组建一个小的公司，而且这些人个个都很出色。卡拉从来没有认真对待过感情，因为在她看来，恋爱不过是场游戏罢了。她和每一个男朋友相处的时间都不会超过 3 个月。当感到厌烦的时候，她就会马上寻找一个新的目标。就这样，卡拉浑浑噩噩地度过了自己的青春时期。

后来，卡拉到了谈婚论嫁的年龄。可是让她始料未及的是，居然没有一个人愿意娶她，就连一直对她都不死心的那些人也不愿意。他们告诉卡拉，她只适合当情人，而不适合当妻子。因为没有一个人会愿意娶一个不自爱的、没有尊严的女人。他们之所以疯狂地追求卡拉，不过是想寻找一下新鲜感和刺激罢了。至于结婚，他们和卡拉一样，根本就没有考虑过。

两年前，我回到了老家密苏里。当和儿时的伙伴聚会时，我们说起了卡拉。我问我的那位朋友："还记不记得镇上那个卡拉？虽然我没见过她，但听说她非常迷人，而且还有很多追求者。不知道这个疯丫头现在过得如何？"我的朋友摇了摇头说："卡拉现在的处境非常糟。因为她自己的原因，没有人愿意娶她。没办法，她只好嫁了个又穷又丑的男人。那个男人是个十足的恶棍，吸毒、赌博而且还酗酒。后来，男人为了满足自己的需要，居然逼卡拉去做妓女。当卡拉反抗时，那个男人居然说：'少在这里装清高，谁不知道你的老底？其实，你早就已经成为大家公认的妓女了。'卡拉虽然很伤心，但是她也别无选择，因为她也要生存。这一切能怪谁呢？只能怪卡拉自己。"

是的，这一切能怪谁呢？在现实生活里，女士们必须要养成自尊自爱的习惯。道理很简单，因为只有懂得自尊自爱的女人，在生活中才能树立起自信，才能自强不息。同时，只有懂得自尊自爱的女人，才能得到别人的尊重和爱。女士们只有懂得了自尊自爱，才能真正珍惜自己的生命和人格，才会真正意识到生命的价值，从而鼓起勇气面对人生。女士们有了自尊自爱，就一定可以维护自己的正当权利，并且勇敢地承担起做人的责任。

有一次，我的一位女学员来找我，希望我能够帮助她教育孩子。我对她说："对不起，女士，我并不是这方面的专家。如果你有需要，我可以给你介绍一位专门研究儿童教育的朋友。"那位女士并没有听我的劝告，还是希望我能帮她。没办法，我只好答应了。

那位女士对我说："我真不知道我的小杰克是怎么了？他居然会做出那种事，他今年才不过 12 岁而已。你知道，卡耐基先生，小孩子总是会犯错误的，因此挨批评也是难免的。可当我批评杰克时，他居然顶嘴说：'你没有资格批评我，你是个无耻的、没有尊严的人。我没有你这样的母亲，我为你而感到羞耻。'天啊，这是一个孩子应该说的吗？我一定是做错了什么，要不上帝为什么会这样惩罚我？"

当时我也很好奇，因为我不知道为什么这位女士的孩子会这样对待他的妈妈。于是，我叫这位女士把她的孩子带到了我家。经过我的一番努力，那位名叫杰克的孩子终于开口了。他对我说："我恨我的妈妈，因为她没有尊严。我妈妈很势利，见到有钱有权的人就想去巴结。有一次，我亲眼看见她把一个男人领回家，并向他大献殷勤。那个男人很正直，没有答应我妈妈，还说我妈妈不知自爱。后来我才知道，那个男人是爸爸公司的经理，妈妈那么做是想让他升爸爸的职。虽然我在心里很清楚，妈妈这么做是为了整个家，但我还是不能原谅她。后来，我爸爸被他们的经理解雇了，因为经理认为这一切都是我爸爸一手策划的。还有很多很多事，我妈妈的做法太令我失望了，我无法容忍一个不知自尊自爱的女人做我的母亲。"

女士们，也许你们的心灵已经被杰克的话震撼了。是的，就连一个小孩子也对不知自尊自爱的人抱有鄙视的态度，更不要说一个成年人了。女士们，我真心地希望你们牢记本篇文章中的每一句话，因为你们只有做到自尊自爱，才会拥有快乐的人生。

自爱代表着自己爱自己，对自己好一点，从而将自己的生活变得美好、精彩，而且还很有品质和品位。不要因为受到一点点伤害就自暴自弃，也不要为了得到某些东西而妥协，更不要因为别人的不爱而放弃对自己的爱。对于一个女人来说，只有懂得了自爱，才能真正懂得如何去爱别人。

此外，女士们在社会中生活一定要有一种"平等"的心态。这种平等意味着两者之间在地位上、感情上没有高低贵贱之分，而创造平等的来源就是自尊。如果为了得到某些东西，哪怕是爱，而放弃自己最起码的做人尊严的话，那么你的人格也就荡然无存了。如此一来，你与对方相比，就已经是处于下风了。你不但得不到对方的认可或尊重，反而会成为对方眼中一个毫无尊严、卑躬屈膝的人。更加可怕的是，这种人格的尊严一旦失去了，就再也不可能找回来。

在最后，我还有一点要提醒女士们，那就是自尊自爱并不等于傲慢无理、目空一切。所谓的自尊和自爱是指既尊重和爱自己，也尊重和爱别人。自尊自爱的目的是不让自己受太大的委屈，也不让自己放弃做人的尊严。想要让你的生命有意义，想要获得快乐的人生，那么女士们就必须首先学会自尊自爱。

第三章

做最有魅力的女人

魅力是女人的力量，正如力量是男人的魅力。

——［英］蔼理斯

举手投足尽显风雅

我曾经在新得克萨斯州举办了一个培训班，主要讲授如何与人相处的课程。一天，我正独自一人坐在办公室思考问题，突然一阵急促的敲门声打断了我的思路。还没等我开口说"请进"，一位女士就风风火火地闯了进来。

只见这位女士大大咧咧地走到我的面前，顺手拉了一把椅子坐了下来，开口说道："你是卡耐基先生吗？我有一些事情想请你帮忙。"我点了点头，笑着说："是的，女士，不知道有什么可以为您效劳的。"女士对我说："我以前学过文秘，应该说我十分适合做秘书。可我不明白，为什么到现在为止仍然没有人愿意雇用我？"在她和我说话的时候，我仔细观察了一下，发现这位女士在举止上有很多不妥的地方。比如，她靠在椅子上的身体是倾斜的，腿也在不停地抖动着，眼睛四处游离，双手也不知该放在什么地方。最让人接受不了的是，这位女士还会偶尔做出挖耳朵的动作来。

听完女士的诉说后，我问道："请问女士，您认为一个合格的秘书应该具备哪些素质？"女士有些满不在乎地说："很简单，有能力、会打字，当然还要漂亮和有气质。"我顺着这位女士的回答说："那您觉得什么是气质？"女士有些语塞，不过她还是说："这……总之那是一种让人看起来很舒服的东西。嗨！卡耐基先生，你在做什么？你不觉得这个样子很不得体吗？"

原来，就在女士说话的时候，我把脚放到了办公桌上，心不在焉地听她讲话，而且还时不时地做出挖鼻孔的动作。那位女士显然到了忍无可忍的地步，大声说："卡耐基先生，您是一个有身份的人，怎么可以做出这样的事情来？您要知道，您的一些小举动很可能会影响到您在别人心目中的良好印象。"这时，我马上回到了原来的样子，并对她说："女士，您说得很对，相信没有人愿意要我这样的人做员工，因为我看起来让人生厌。不过女士，我不得不告诉您，我刚才的举动其实是和你学的。"女士听完我的话后没有说什么，因为她知道自己的确是有这方面的问题。她点了点头说："谢谢你，卡耐基先生，我知道该怎么做了！"

据说，那位女士后来参加了一个礼仪和形体训练班。如今，她已经如愿以偿地成为了一家大公司的秘书，而且做得还非常不错。

女士们，现在是你们思考问题的时候了。为什么以前那位女士总是找不到合适的工作，而在她参加完礼仪和形体训练班之后就找到了呢？是因为她的能力有所提高了？显然不是，因为礼仪和形体训练班上课不会教她如何当好一个秘书。事实上，正是因为女士改变了自己不得体的仪态，所以才最终改变了自己的命运。

我知道，很多女士都梦想着自己不管走到哪里都能获得所有人的青睐。为了做到这一点，她们不惜花费大量的金钱和精力来塑造自己的外表。化妆品、文胸、丝袜、漂亮的衣服、昂贵的首饰等，这些东西无疑都成为女士们的首选。在她们看来，穿着性感、珠光宝气、浓妆艳抹的女人才是最有魅力的。

其实，女士们的这种观念是错误的。我首先澄清，我并不是否认外表的重要性。事实上，一个漂亮迷人的女人的确要比一个相貌平平的女人更容易获得他人的好感。然而，芝加哥大学心理学院的教授卢克斯·托勒却说："每一个人对美的认识都是不一样的，因此每一个人的审美观念也不尽相同。然而，所有人在对事物进行评判的时候，都会考虑内在和外在两个方面。其实，很多人有一个错误的观念，那就是把人的内在美和外在美看成是两个互不相关的部分。实际上，内在美与外在美是密切相关的。在很多时候，人们完全可以通过外在的形式来展示自己的内在美，这也就是我们能通过外在的接触来感觉到对方的内在美。特别是对于女人，如果她们想要让自己充满魅力，外在的表现形式是非常重要的。当然，这不仅仅是通过化妆和穿衣。"

卢克斯教授的这番话是在一次演讲中提到的，我当时是台下的一名听众。等演讲结束之后，我专程拜访了卢克斯教授，并和他深入地探讨了有关"美"的问题。我问教授："您在演讲中所说的那种用外在形式来表现内在美究竟是什么意思？"教授笑了笑，说："怎么，戴尔？你不明白吗？其实，我说的那种内在美也可以称为气质，而那种外在的表现形式就是平时的一举一动，也可以说是举手投足。"

的确，卢克斯教授说的这一点很重要，而且它也往往会被女士们所忽视。实际上，真正能体现女士内在气质的关键，就是在这举手投足之间。英国著名演员卡瑟琳·罗伯茨是平民心目中的女王、贵妇人，因为她塑造的角色都是诸如王公贵妇、豪门千金这一类的角色。应该说这些角色很不好处理，因为她们要求演员必须能够演出那种高贵的气质。卡瑟琳·罗伯茨出生于一个普通的农民家庭，那么她是如何做到这一点的呢？

有一次，我到伦敦去采访这位著名演员。其间，我问她是如何成功地塑造出那么多尊贵的形象的。卡瑟琳回答说："在进入影视圈以前，我不过是一个普通人而已。我没进入过上流社会，因此不可能成功地塑造角色。当我第一次接到这类角色的时候，心里害怕极了，因为我不知道自己该怎么演。如果我不能把握那些生活在上流社会的人的'神'的话，那么观众有可能就会认为电影里那个人不过是一个穿着华丽衣服的乡下姑娘而已。为了让自己演得逼真，我开始留心观察那些贵妇人。

"在最初的时候，我只是留心她们的衣着打扮、语言谈吐，但我发现那些根本帮不了我。因为我虽然已经尽力去模仿了，但在别人眼里我依然是个下层社会的人。后来，我开始更为细致地观察她们，发现那些贵妇人虽然有时候穿的是很普通的衣服，但同样能看得出她们来自上流社会。最后，我终于发现，原来这些人真正的魅力是体现在平时的举手投足之间。有时候，仅仅是一个非常细微的动作，却能够体现出无尽的风雅来。于是，我开始学习她们的一举一动，而且还特意参加了一些礼仪课程。现在，我终于能够将那些贵妇人演得活灵活现了。不过坦白说，与其说我是在演贵妇人，还不如说就是在演我自己的生活。"

卡瑟琳真的很聪明，因为她发现一条让自己跻身上流社会的捷径。我们必须承认，贵族并不能单单以财富、金钱和地位来衡量。他们最显著的标志还是其身上特有的气质。一个家族的气质并不是一两代人就能塑造出来的，那是经过几百年的沉淀积累而成。诚然，女士们不可能在短时间内学会人家这种经过几代演变的内涵，但我们却可以通过训练使自己在举手投足之间显露出风雅来。女士们现在一定迫不及待地想要知道究竟该怎么做。我这里有一些小的意见和方法，也许会对女士们有帮助。

如何让自己做到魅力四射

培养自己的自信心；

让自己的身体保持柔软；

训练得体的坐姿；

经常散步；

注意形体与声音语言的搭配；

学学跳舞；

做一些形体训练；

补充足量的水分；

适当休息，让自己保持健康。

第一点是非常重要的，因为如果你想做一个有品位有气质的女人，那么你首先要做的就是相信自己。如果你没有自信，那么你就不可能有勇气和能力去面对现实，更加不会有心思去培养自己的魅力。第二点到第七点是教女士们如何做一些必要的训练。最后两点是教女士如何做好自我保健。

女士们，要想真正成为众人眼中最耀眼的明星，要想让自己成为最受欢迎的人，那么请你们不要再为自己平庸的外貌感到忧虑。相信我，只要你们使自己拥有了非凡的品位和气质，那么你们就一定会成为世界上最有魅力的女人。

如果女士们觉得上面的方法太麻烦，自己也没有那么多空余时间去搞什么训练。那么，我再教女士们一种快捷的方法。首先女士们要在心里告诉自己："我想要获得所有人的瞩目，我要成为最风雅的女士，因此我必须训练自己的仪态。"然后，女士们到街上买一本有关礼仪的书，把它从头到尾读一遍。接着，女士们要找一面镜子（要那种能照全身的镜子），在镜子面前做各种动作。这时，你们就要以书上写的为基本准则，只要发现自己有哪些不妥的地方就马上更正。这不会浪费你们很多时间，你只需在每天晚上睡觉前做半个小时就够了。

最后，我还要提醒各位女士，你们一定要在平时多留意自己的一些习惯性动作。有时候，这些小的动作会让你们远离"风雅"，比如挖耳朵。

我相信，只要女士们将自己的仪态训练得大方得体，那么你们就一定会成为一个风雅女人。

做一个有格调的女人

    几年前，我的一位朋友给我打电话，邀请我去参加他举办的晚宴，并一再要求我一定带上桃乐丝。我的这位朋友是位政界要员，因此他的宴会一定会有很多有身份、有地位的人。当我把这件事告诉给桃乐丝时，她表示不愿意和我一起去。我知道她拒绝的理由，因为她对自己没有信心。

    坦白说，我的桃乐丝在外貌上并不出众，但我一直都认为她是世界上最有魅力的女人。原因很简单，我的桃乐丝非常有内涵，而且也十分懂得社交礼仪。可惜，桃乐丝自己却不这么认为，她始终觉得在我身边的女性应该是那种既漂亮又迷人的时尚女郎，而不应该是她这种平庸的家庭主妇（她当时是这么认为的）。最后，在我的一再劝说下，桃乐丝终于答应和我一同前去。不过，她和我打了招呼，说她尽量不和任何人说话，因为她怕会有失礼仪。

    当我和桃乐丝到达时，宴会已经开始了。的确，来参加宴会的人大都是政界的要员，而且他们身边的女伴也都很漂亮迷人。在这其中，有一位女士吸引了在场所有人的眼球。之所以这么说，一方面是因为这位女士的确长得非常迷人、漂亮，另一方面也是因为这位女士太"与众不同"了。

相信女士们都知道，如果有人邀请你们参加一场比较正式的宴会，那么你们在选择衣服的时候肯定会首先想到晚礼服。当然，并不是说不穿晚礼服就不能参加宴会，只是这样做会让女士们显得更加优雅、迷人。然而，这位女士却不这么认为。她上身穿着一件吊带衬衫，而且领口开得非常大，下身穿的则是一件超短裙，同时还不忘配一双挂满小饰品的长靴。

那天晚上，那位女士可谓是"出尽风头"。她喝得酩酊大醉，用手拿着食物四处乱走。她几乎和所有在场的男士都碰了杯，也都和他们亲切地交谈过。这位女士很开放，因为所有人都注意到她有好几次都毫无顾忌地把腿抬高，也有几次很自然地倒在男士们的怀里。我觉得那场宴会大概是我参加过的最糟糕的宴会了，因为几乎在场的所有人都被这位疯狂的女士搅得没有了兴致。

晚宴结束后，我和桃乐丝回到了家。我问她："亲爱的，你觉得今天晚上的那位女士漂亮吗？"桃乐丝点了点头，说："是的，戴尔！我承认那位女士是一位少有的美人。可是，不知道是什么原因，我总不能把她和真正意义上的美联系起来。"

我知道我的妻子桃乐丝不愿意批评别人，因此就说："的确，你想到的正是我要说的。那位女士虽然有着漂亮的外表，但却没有充满魅力的灵魂。因此，那位女士不是最有魅力的女人，而我的妻子桃乐丝，格调优雅、仪态迷人，所以你才是今天晚上的女王。"

虽然我当时说的话一定程度上是在恭维我的桃乐丝，但它的确是事实。女士们，我知道对于每一个女人来说，美这个东西永远是最令人向往的。的确，对于所有人来说，美都会使他们心旷神怡，而女人也同样会让所有人都心旷神怡。想一想，那些艺术家们无一不津津乐道于用女性的身体和各种形式来表现美。对于一个女人来说，拥有美丽的外表、迷人的姿态固然重要，但是只有拥有了高雅的风姿才会给人留下真正的视觉美感，才会让别人觉得你是最有品位的。

对于女士来说，我想没有一个人会不渴望自己能够成为众人眼中的"佼佼者"，这是女人的天性。我非常清楚，女士们都希望能够得到异性的称赞和同性的羡慕。可是，很多女人却始终认为自己没有这个能力，因为她们的外表和我妻子一样平凡。我要说的是，女士们无法选择自己的外表，因为那是父母给我们的，但却可以通过训练让自己魅力四射。事实上，一个真正迷人的女人并不一定拥有漂亮的脸蛋，但却一定要拥有最迷人的风姿和最高雅的格调。女士们如果不相信我的话，可以再从头看一遍上面的例子，我想没有人会认为那位"豪放"的女士是有魅力的。女士们，我首先要告诉你们的就是，不要太在乎自己的外表。相信我，只要你们让自己拥有了迷人的气质、高雅的格调，那么你们就一定会成为最有魅力的女人。

可能有些女士会说，自己不过是一名最底层的小职员或是家庭主妇，因此她们不需要培养什么魅力，也没有什么必要搞什么格调。对于她们来说，每天的生活都十分枯燥乏味，根本没有用到所谓格调的时候。不，女士们，如果你们有这种想法那就犯了一个严重的错误。事实上，只有那些有气质、有魅力、有格调的女人才会受到人们的欢迎，才能取得事业上的成功。

戴维斯先生是美国一家大公司的公关礼仪顾问，他曾经说："我给很多公司培训过公关人员。最初的时候，我发现差不多所有的人都认为拥有漂亮的脸蛋、迷人的身段对于一位公关人员来说是最重要的事，因为所有人都喜欢和一个容貌姣好的人打交道。我不完全否认这种说法，但是我认为，一个公关人员最重要的素质并不是外在的美貌，而是她们内在的气质。如果你遇到一个漂亮但却不懂礼数、说话粗俗、举止轻浮的公关员，那么相信你绝对不会对她产生好感。相反，如果对方虽然相貌平庸，但却有着非凡的魅力、不俗的谈吐，那么我相信你绝对乐意与她打交道。"

卡洛琳女士是纽约一家保险公司的高级讲师。对于一个只有 28 岁的年轻姑娘来说，拥有一份年薪 10 万美元的工作的确令人羡慕。然而，让所有人都很难相信的是，这位卡洛琳居然只有中学学历，而且也没有任何可以炫耀的家庭背景。至于说她的长相，真的很难恭维。个子不高，皮肤黝黑，脸上长满了雀斑，牙齿也显得有些发黄，鼻子、嘴巴、眼睛和眉毛之间的搭配也并没有任何特殊之处。真难想象，她是怎么用半年时间从一个普通的业务员变成一名高级讲师的。

我对卡洛琳女士成功的过程非常感兴趣，因此我特意采访了那家保险公司的一些主管以及听过卡洛琳讲课的一些人。当我问卡洛琳是用什么使他们着迷时，这些人几乎给我的都是一个答案："卡洛琳女士虽然不漂亮，但是她却有着迷人的魅力。坦白说，如果单从她讲课的内容来看，并没有什么地方值得我们如此痴迷。不过，我们总是能从卡洛琳身上体会到一些很奇特的东西。是的，很奇特。她的一举一动，举手投足，都让我们体会到什么叫气质，什么叫美感。事实上，听她讲课并不感觉是在接受什么知识，反而觉得是在和她做一件非常愉快的事情。获得这种感觉的时间很短，仅仅两三分钟而已。也许，正是这种感觉才让我们不再有那种对保险业务的厌恶和警惕之心。"

当我问卡洛琳是怎么看待这一问题时，她回答说："卡耐基先生，我一直都这么认为，美丽的外表对于一个女人来说不过是一个涂上绚丽色彩的瓶子而已。我承认，初见的时候，它会给人一种美感，也会让人有那种怦然心动的感觉。然而，如果瓶子里装的是污水或秽物的话，那么就会马上让人们有一种大倒胃口的感觉。如果这个瓶子里装的是沁人心脾的美酒的话，就一定会让人陶醉其中。我们的外表是花瓶，而气质就是花瓶中所装的东西。如果我们能够拥有那种温文尔雅的仪态、得体大方的气质，那么一定会让所有的人都产生爱慕之情的，其中也包括同性。此外，这种仪态和气质还会让你获得一种非凡的品位。"

卡洛琳女士说得一点都没错，一个能拥有高雅格调的女人一定能够获得别人的好感，取得他人的信任。如果女士们做不到这一点，让别人把你看成是一个没有内涵的花瓶的话，恐怕想受到别人的欢迎将会是一件很困难的事。

曾经有一位漂亮的女孩找到我，告诉我她的梦想就是成为一名模特。我打量了这个女孩一番，发现单从外观条件来说，她的确适合做模特，可是我却总觉得她身上缺少点什么。这时，女孩对我说："卡耐基先生，我真的苦恼死了！为了实现我的梦想，我做出了很多牺牲。可我不明白，为什么没有一个人愿意要我给他们做模特呢？他们总是说，我没有格调，所以不能做模特。"

女孩的话提醒了我，于是我说："尊敬的小姐，也许他们的意见是对的。虽然我的眼光不太高明，但我觉得你现在穿的这身衣服并不适合你。"女孩很不解地问："这难道是问题吗？模特不是只需要穿着衣服在台上走来走去就可以了吗？"很显然，这位女士对什么是美并没有一个正确的认识。我告诉她，模特没有她说的那么简单。如果她没有高雅的格调，那么她就不会对穿在自己身上的衣服有深层次的认识。这时，不管外在条件有多好，她依然不能把衣服穿出"神"来。其实，对于一名模特来说，格调要远远比迷人的外表重要得多。

女士们，其实你们每一个人都是模特。只不过那些专业模特是在 T 台上展示风采，而你们则是在生活的舞台上展示。如果女士们没有格调，那么你们就不可能让你的生活变得神采飞扬、绚丽多姿。人们都说女人天生爱浪漫。可见，一个不懂、不会浪漫的女人是最可悲的。

好性格使你幸运

    一天晚上，我的好朋友查理·约翰逊突然到我家来拜访，他现在是纽约一家心理诊所的主治医师。对于他的到来我感到非常高兴，因为我们的确有很长时间没见面了。我让桃乐丝给我们准备一顿丰盛的晚宴，因为我要和查理好好叙叙旧。

    闲谈间，我告诉查理自己正打算给女性写一本有关心理学方面的书，希望他这位专家能给我提一点建议。查理想了想，对我说："性格，戴尔，你应该研究一下性格对人一生的影响。以我的经验来看，凡是成功的人都有自己成功的性格。事实上，好性格会使人幸运，也会让人成功，对女人来说也是一样。"

    当时的我并不太同意查理的话，于是我说："查理，你可能对自己的感觉和经验太自信了。虽然我知道性格对于一个人来说很重要，但我一直都认为人的成功是和机遇、社会环境、个人素质等因素有关的。实际上，性格不过是和成功有关的很小的一个因素罢了。"

    查理似乎早就料到我会这么说，所以他很平静地对我说：

"好，戴尔，我们假设你的说法是正确的。那么同样是机会，为什么有的人就能抓住，有的就抓不住？不管处于什么社会环境下，为什么总有少数人能获得成功，而却有相当一部分人过着平庸的生活？还有，为什么具备同样能力的人命运却不尽相同？戴尔，请你解释一下这是为什么？"

我真的哑口无言了，因为查理说的的确都是事实。我绞尽脑汁，想找一些例子来驳倒查理，然而却怎么也找不到。没办法，最后我只能承认查理是胜利者。

女士们，如果你们当时在场的话，会选择站在哪一边？我希望你们支持查理，因为无数的事实都已经证明，查理的观点是正确的。

我想，对于每一位女士来说，善良都是她们的天性。曾经有人说过："女性的善良是和母爱有着密切联系的。"女人之所以不喜欢争斗，是因为她们不愿意看到有人受伤害。有时候，为了满足别人，她们宁愿牺牲自己。

第二次世界大战开始不久，法国就被德国占领了。那时候，很多法国人为了躲避战争都逃亡到国外。苏丽的家人都死于德军的炮火之下，她只好孤身一人逃到了英国的一个小村庄。在那里，一位善良的老妇人收容了她。同时，这位老妇人也收容了另外几名不幸的女孩子。

老妇人对这几位远道而来的客人非常热情，甚至到了疼爱的地步。时间一长，其他几位姑娘都看出了一些端倪，都陆陆续续地离开了那里，只有苏丽自己留下了，因为她不愿意再忍受漂泊之苦。终于有一天，那位老妇人对苏丽提出，希望她能够答应嫁给自己弱智的儿子。苏丽虽然心中并不愿意，但最终还是答应了她的请求，因为她不想伤害到老妇人的心。当然，女士们一定都能够猜到苏丽最后的命运将会是怎样的。

有些女士会对我有些不满，甚至可能会质问我说："怎么？卡耐基先生，难道你认为苏丽应该选择离开？你认为苏丽应该做个忘恩负义的家伙？"是的，女士们，我认为苏丽应该拒绝老妇人的要求，因为这关乎她一生的幸福。她的确应该对老妇人感恩戴德，但报恩的形式有很多种，不一定非要选择那种。我承认，苏丽女士是善良的，但她的这种善良超过了底线。其实，与其说苏丽女士性格善良，还不如说她的性格软弱。苏丽不懂得拒绝别人，更不想拒绝别人，因为她不愿意看到任何人受到伤害。然而，在这件事中，唯一受到伤害的就是苏丽自己。也许我们应该同情苏丽的遭遇，但我们却无能为力，因为这一切都是由她的性格造成的。

如今，我已经对查理的话深信不疑了，因为我以前的邻居罗斯姐妹印证了它的正确性。

罗斯姐妹是一对双胞胎，两人长得非常像。在很小的时候，父母对这对姐妹一视同仁，从来没有表现出偏爱某一个。然而，随着年龄的增长，情况发生了变化。

姐姐露丝性格耿直，总是想到什么就说什么，而妹妹姬丝则性格乖巧，总是会想各种办法来讨父母的欢心。坦白说，露丝做的要比妹妹好，可是似乎她总是得不到父母的喜爱。罗斯夫妇感情很好，不过他们也像其他夫妻一样经常吵架。每当这个时候，露丝总是会站出来批评有错的一方，而姬丝则总是想办法逗生气的父母开心。虽然露丝经常会买一些礼物送给父母，但是父母似乎只惦记着妹妹。最后，罗斯夫妇在他们的遗嘱中清楚地写到，他们所有的财产全部都归姬丝所有。

虽然露丝和她妹妹的感情非常好，但她始终不能理解为什么自己的父母会如此偏心。于是，她找到了我，希望从我这里得到一丝安慰。听完她的叙述，我问露丝："你为什么不能像你妹妹那样讨好你的父母呢？"露丝有些苦恼地说："我并不是没有尝试过，但是我根本做不到。当我向父母献殷勤的时候，连我自己都觉得太做作了。我就是我，根本没办法成为姬丝。"我马上想起了查理的话，就对她说："露丝，这一切都是由你的性格造成的。"露丝在听完我的话后，也表现出一副恍然大悟的样子。

老实说，我非常同情露丝，因为她真的没有做错什么，而她的父母也不应该对她有任何意见。可是，事情已经发生了，而且一切都是顺理成章的。这不能怪别人，只能怪露丝没有一个好的性格，因此她的命运才会如此的不幸。

那么，究竟什么样的性格才算好的性格，什么样的性格算是不好的性格呢？纽约著名的心理学研究专家汉斯曾经说："对于一个人来说，拥有诸如坚韧、勇敢、冷静、理智、独立等性格，无疑就等同于拥有了一笔巨大财富。坚韧会让你在困难面前永不低头，勇敢则让你能够面对一切挫折，冷静和理智会让你永远保持清醒，独立则会让你不受他人的摆布。相反，如果一个人的性格懦弱、胆怯、冲动、依赖性强的话，那么恐怕他一生都将一事无成。"

我知道，并不是所有的女士都有事业心。她们不渴望成功，也从没奢望过会有什么轰轰烈烈的大事发生在自己身上。在她们眼里，嫁一个好丈夫，做一名合格的家庭主妇就是最终目标。因此，很多女士并不认为拥有好的性格对她们有多重要。

然而，事实并非如此。如果你的性格懦弱，那么在面对丈夫的无理要求时，你是无论如何也不会拒绝的；如果你的性格胆怯，那么不管丈夫做了什么，你都不敢出声；如果你的性格冲动，那么一点小矛盾都可能在你们之间引发一场大的战争；如果你依赖性很强，那么就无疑会给自己的丈夫增加一份负担。

因此，不管女士们给自己的一生制订了什么样的计划，拥有好的性格对你们来说都是一件非常重要的事。特别是对于那些至今还没有被幸运垂青过的女士，你们应该赶快行动，改变自己性格中的缺陷。不过，在改变性格之前，女士们首先要弄清楚，性格究竟是怎么形成的。

美国心理学协会前任主席拉帕克·道格拉斯曾经说："性格是指导人行事的准则。实际上，人在刚出生的时候并没有形成真正意义上的性格，性格往往是后天培养出来的。每个人都有不同的思维方式，因此每个人也都有不同的行为习惯。这种行为习惯长期支配着人们，久而久之就变成了性格。举个简单的例子来说，一个人如果认为世界太冷漠，人情太冷漠，那么他就会养成不与人交往的行为习惯。在这种行为习惯的支配下，这个人就很容易形成孤僻的性格。"

由此，我们可以看出，一个人的性格是由他的思维方式决定的。因此，要想改变自己的性格，首先就要改变自己的思维方式。女士们在改变自己的思维方式的时候，一定会遇到很多困难，因为人的思维方式一旦形成，是很难改变的。不过，女士们可以试一试我的这个方法：反向思维。

反向思维的意思就是，女士们遇到什么事的时候总是会根据思维习惯做出判断。这时你们不要马上行动，而是朝着先前做出的判断的反方向思考问题。比如说，苏丽在听到老妇人的邀请后，马上做出不能拒绝的判断。因为她的思维习惯告诉她，如果她拒绝，那么就一定会让老妇人很伤心。这时候，苏丽就应该想，这件事是可以拒绝的，因为那样做会让自己获得幸福。

这就是我说的反向思维。相信，如果苏丽当时知道这一方法的话，也不会选择留下。

当然，单靠着一种方法是不能改变一个人的性格的，还需要女士们自身做出很多努力。

改变性格的方法

使自己树立改变性格的决心；

广交朋友，特别多交一些拥有好的性格的朋友；

到处走走，感受一些不同的环境；

多读书，让自己对性格有深层次的认识。

虽然我不敢肯定上面的方法一定能够帮助女士们改变自己的性格，但它至少给女士们提供了一些参考意见。不管怎样，拥有一个好的性格对于女士们来说都不是一件坏事。因此，我建议，女士们不妨试一试我的那些方法，说不定真的会给你们带来意想不到的收获。

做自己情绪的主人

那是很多年前的事了，那时候我的事业才刚刚起步。女士们都知道，创业初期是很累人的，每天似乎都有忙不完的事。于是，为了减轻自己的负担，我决定请一个女秘书。后来，在一位朋友的介绍下，我雇用了一位名叫丽莎的小姑娘。我必须承认，丽莎的能力很强，的确让我轻松了很多。然而，只要是人就一定会犯错误，丽莎也不会例外。

这天，我在检查文件的时候发现，丽莎居然粗心地把一份很重要的文件搞错了。当时的我也并不成熟，所以就狠狠地批评了丽莎一顿。后来，当冷静下来的时候，我觉得自己的做法有些不妥，于是又向丽莎道了歉。

本来，我以为这件事很快就会过去，然而却并非如此，丽莎从此变得一蹶不振。她是个挺细心的姑娘，平时很少出错，可从那以后，她的工作却频频出错。不光这样，我还发现她工作的时候常常心不在焉，有时候我连叫几声她都听不见。我不知道丽莎是怎么了，难道就是因为我批评了她？不，我觉得不应该是，因为被别人批评也是一件很平常的事，不应该给她造成这么大的影响。

几天以后，我的那位朋友打电话给我，问我丽莎最近是不是出了什么事。我把丽莎的工作情况简单说了一下，并问他是如何知道的。朋友告诉我，丽莎的父母找到他，说丽莎最近变得沉默寡言，而且还非常容易发脾气，常常因为一件小事就和父母大吵一架。我似乎已经明白了其中的原因，于是在挂掉电话以后，我把丽莎叫到了办公室。

我问丽莎："有什么可以帮你的吗？我知道你最近的情绪很不好！首先，我为我那天的行为道歉，因为我的行为受到了情绪的控制。真是对不起！"

丽莎对我说："不，卡耐基先生，这和你没有什么关系！即使你今天不找我，我也正打算向您辞职。实际上，从那次您批评我之后，我就对自己丧失了信心。现在，我根本没有办法集中精神工作，因为我老是担心出错。可我发现，我越是担心就越出错。不光这样，每天回到家的时候，我不愿意和父母多说话，而且心情非常烦躁，常常和父母吵架。对不起，卡耐基先生，我真的做不下去了，因此我还是决定辞职。"

老实说，当时我真的很想帮助丽莎，可是我却想不出一个好的办法。无奈，我只好同意了她的请求。事后，我专程前往华盛顿，到那里去拜访美国著名的心理学家约翰·华莱士，希望从他那里得到一些好的建议。

华莱士告诉我："丽莎这种做法是典型的情绪失控，而戴尔你也差一点做出同样的蠢事。从严格意义上讲，情绪不过是一种心理活动而已，但你千万不能小看它。事实上，它和一个人的学习、工作、生活等各个方面都息息相关。如果一个人的情绪是积极的、乐观的、向上的，那么这无疑就有益于他的身心健康、智力发展以及个人水平的发挥。反过来，如果一个人的情绪是消极的、悲观的、不思进取的，那么这无疑就会影响到他的身心健康，阻碍他智力水平的发展以及正常水平的发挥。"

我同意他的说法，于是追问道："那有什么办法能够解决这个问题吗？"

华莱士笑了笑："很简单，做自己情绪的主人。"

女士们，不知道你们在读完上面的故事以后有什么感想？是不是觉得自己有时候也和丽莎一样？有人曾经说，女人是最情绪化的生物。我对这句话有些意见，因为它的言外之意就是说女士们无法控制自己的情绪，是情绪的奴隶。虽然不愿意承认这是真的，但事实却让我哑口无言。很多女士都被自己的情绪所拖累，似乎所有的烦恼、忧闷、失落、压抑和痛苦等全都降临到自己的身上。她们的生活没有了快乐，开始抱怨这个不公的世界。她们每天都祈祷上帝，希望她能早一天将快乐降到自己身上。

其实，女士们何必如此呢？人是世界上感情最丰富的动物，也是情绪最多的动物。喜、怒、哀、乐对于每一个人来说都是再正常不过的事情了，何必让那些小事打扰了我们正常的生活呢？其实，女士们只要进行一定的自我调整，是能够让自己成为情绪的主人的。可是为什么还是有很多女士做不到这一点呢？答案就在下面的这个例子中。

有一次，我的培训班上来了一位非常苦恼的女士。她对我说："卡耐基先生，帮帮我好吗？我真的难过死了！"我问她究竟发生了什么事。她回答我说："是这样的，我真的受不了自己的脾气了（请注意，她是说自己的脾气，而不是情绪。显然，她没有认识到本质的问题）。我不明白，为什么身为一个女人我竟然会如此的情绪化？我管不住我的脾气，经常会因为一些鸡毛蒜皮的小事大发脾气，有时候还又哭又闹。我知道这样做不好，可我也没办法。"我说："既然你知道自己的问题所在，为什么不试着控制它呢？"女士显然有些激动，大声说："我怎么没有控制？我试过了，可那根本不管用！一切都发生得太快了，我还没来得及多想就已经做出了判断。事实上，这一切都不是出自我本意的。"

女士们，你们找到答案了吗？实际上，人之所以会被情绪控制，主要是因为当人们周围的环境变化得过快时，人们的潜意识会告诉自己："不，绝不能让自己受到伤害，我一定要保护自己。"的确，这时候人的情绪就会指导人将自己变成一只蜷缩好的、准备战斗的刺猬，会毫不留情地攻击给你施加伤害的人。这也就是我们所说的情绪失控。

其实，很多女士都知道控制情绪的重要性，不过她们在遇到具体的问题的时候却往往会败下阵来。她们会说："我知道控制情绪的重要性，也梦想着成为情绪的主人。可是，控制情绪实在是一件太困难的事情了。"显然，她们是在向别人表示："我做不到，我真的无法控制自己的情绪。"还有的女士习惯于抱怨生活，她们总是说："我大概是世界上最倒霉的人了，为什么生活会对我如此不公？"言外之意就是在对别人说："这不能怪我，是生活环境逼迫我这样做的。"正是这些看似合理的借口使女士们放弃了主宰自己情绪的权利。她们在这些借口中得到安慰和解脱，从而没有勇气去面对失控的情绪。

因此，女士们如果想主宰自己的情绪，成为情绪的主人，首先就要让自己有这样的信念：我相信自己一定可以摆脱情绪的控制，无论如何我都要试一试。只有这样，女士们的主动性才能被启动，从而真正战胜情绪。的确，让自己拥有自我控制意识，是打赢这场战争的最关键一步。

罗琳是位情绪化非常严重的女士，经常会和身边的朋友大吵大闹。其实，她对此事也非常苦恼，因为这使她失去了很多朋友。为了能够帮助自己，罗琳报名参加了我的培训课。然而，几天下来，罗琳似乎并没有得到她想要的东西。于是，她在私下里找到了我。

她问我："卡耐基先生，你说的那些道理我都明白，可是我到现在还是不知道该如何解决我的问题。事实上，你的课程并没有给我提供很大的帮助。"

我回答说："是吗？好，那我首先要弄明白你是否愿意改正你的缺点？"

罗琳又开始激动了，她没好气地说："你在说什么？难道我不想改正吗？如果是那样的话，我就不会来到这里听你讲课了。你以为改变一个人真的那么容易吗？我现在已经坚信我不可能改正这个错误了。"

我笑着对她说："是吗？罗琳女士！你认为你不可能改变自己？可我不这么认为。我觉得你之所以没有成功，完全是因为你对自己没有信心。你没有勇气去面对你的情绪化，你更加没有信心战胜它，所以你不会成功。"

尽管罗琳女士当时表现得满不在乎，但我知道她已经相信了我的话。后来发生的事情证实了我的猜测，因为罗琳女士正在一点点地改变自己。

其实，控制自己的情绪并不是一件非常困难的事，只要女士们掌握了一定的方法，还是完全可以做到的。

在这里，我还有一个小技巧要教给女士们，那就是当你们心中产生不良情绪的时候，不如选择暂时避开，把自己所有的精力、注意力和兴趣都投入到其他活动之中。这样就可以减少不良情绪对自己的冲击。

卡瑟琳有一段时间非常失意，因为她经营的一家小杂货店破产了。很多人都为她担心，怕她做出什么傻事，因为那家杂货店倾注了她太多的心血。谁知，卡瑟琳非但没有垂头丧气，反而对她的朋友说："现在我已经欠了银行几百美元，所以我必须到外面去避避难。"就这样，卡瑟琳独自一人到外面去旅游，并借此打发掉了心中的烦闷。

女士们，我们的先人曾经为了自由战斗过，而今天你们依然是在为自由而战。你们的对手是自己的情绪，只有你们战胜并成为自己情绪的主人，才能让你获得真正的自由之身，才能让自己过得幸福快乐。

保持快乐与活力

　　不管是职业女性还是家庭主妇，她们都有各自不同的烦恼。对于职业女性来说，工作上的压力让她们觉得有些喘不过气来，而对于家庭主妇来说，婚姻的问题、家庭的烦恼则是一直困扰着她们的难题。曾经不止一位女士和我抱怨过："卡耐基先生，为什么我的生活总是不能丰富多彩？为什么我与快乐永远无缘？难道说是我做错了什么？为什么上帝要如此惩罚我？"当我问她们为什么不让自己保持住快乐与活力的时候，这些女士往往会大喊道："什么？你以为我们不想吗？可是生活、工作上的压力让我们无法抬头，更别说是有闲心去玩乐了。"

　　其实，女士们有这样想法不奇怪，但我却不赞同。实际上，很多男人要比女士们聪明一些，因为他们知道如何让自己保持快乐与活力的方法。你看，他们经常会把一些时间花费在自己的嗜好上，这样当他们再一次重返工作岗位的时候就精神焕发了。那么，女士们为什么不让自己保持住快乐与活力呢？你们不妨效仿男人，找时间做一些家庭以外的事情。这种方法很有效，它可以调节你的心境，使你能够有更好的心态去处理工作和家务。

我让女士们这么做并不是没有理由的，事实上，并不是繁重的工作和家务使女士们感到疲惫不堪。真正的罪魁祸首其实是生活中的单调、无聊和烦闷。其实，很多聪明人会花费大量的时间来游戏，而且游戏的时间一点都不比工作时间少。他们这么做就是为了让自己的生活内容有所改变，从而让自己有新鲜和有趣的感觉。

拿职业女性来说，很多职业女性都把自己的时间看得非常宝贵，因为她们每一天、每一周的大部分时间都是在公司度过的。当你让她们去做一些工作以外的事情时，她们总是会说："不，那不可能，我必须抓紧一切时间来好好休息一下，因为我太累了。"我不这么认为，其实女士们不如利用周末的时间去听听音乐，要不就去孤儿院帮忙，或者做一些其他能够展现你们个性的事情。别小看它们，它们往往可以给你带来很多新的观念。

我的邻居乌尔特·芬克太太结婚后一直都在工作，因为她有3个孩子要养。不过，她一直都利用周末的时间去附近的一所教会学校教书。虽然这份工作是义务的，但乌尔特太太却乐此不疲。当有人问她为什么热衷于此时，乌尔特太太说："的确，这对我来说应该算是一份额外的工作，但它又不是一份工作。我之所以这么说，是因为这份工作给我带来了无限的快乐。你知道，和孩子打交道是一件让人兴奋的事情，我从他们的身上得到了活力。如今，我每天都让自己生活在快乐与活力之中，因此很多以前难办的事情都得到了解决。那时，由于工作压力很大，所以我对我的家人有些呆板，而且还很苛刻。现在就不同了，我已经把眼光放得很开了。我可以快乐地对待每一天的生活，充满活力地对待每一天的工作。"

家住得克萨斯州的罗兰女士也有一套让自己保持快乐与活力的方法。她把自己一周的时间都安排得满满当当：星期三晚上和丈夫一起去打球，因为那是他们两人共同的爱好；星期四要召开一个讨论会议，这样做一举两得。至于剩下的那3天时间，罗兰女士则会选择去听课。

当我们谈到这些工作的时候，罗兰女士说："实际上，我从中获得了很多让人意想不到的收获。每当我们一家人聚在一起吃晚餐的时候，我们就会把有关这些工作的话题拿出来谈论，这使我们每个人都过得非常愉快。正是这些工作给我和我的家人注入了快乐与活力，因此才让我们从未因无聊和烦恼而发生争吵一类的事情。"

的确，保持快乐与活力能够让人忘记很多不愉快的事情。相反，如果我们总是让一些不愉快的、令人生厌的、死气沉沉的事情陪伴左右的话，那么我们的生活将会变得一团糟。我记得有一篇这样的文章，上面讲述了一个精神病患者的故事。这位精神病患者有一个不快乐的童年。在他小的时候，父母经常会把有关金钱、生活和其他不愉快的事情搬到餐桌上来争论。这种做法让这个可怜的孩子很难受，因为他每次都有一种想把吃进去的食物呕吐出来的感觉。

于是，我在看完这篇文章之后，就在家里立下一个规矩，那就是只要是在吃饭的时候，谈论的话题必须是有趣的、愉快的。就这样，每天的晚餐成为了我们家人互相联系感情的重要时间，每个成员都可以在这时享受快乐的滋味。在我的记忆中，我和桃乐丝很少发生争吵，因为我们为了让自己每天都保持快乐和活力而总是找一些有趣的话题来交谈。

女士们，就算你们忘记了前两条，也一定要牢牢地记住第三条，因为健康对于每一个人来说都是最宝贵的。华盛顿健康中心的道尔博士经过研究发现，人如果每天都生活在痛苦、烦恼、沮丧和不安中，那么他们患上疾病的概率要远比那些终日充满活力，感到快乐的人大得多。博士进一步解释说，快乐是指情绪上的。如果你每天都能保持快乐的情绪，那么你就不会有压力。这样，你患胃溃疡、头疼等病的概率就小了很多。而活力则是支配人做事的动力，如果你每天都充满了活力，那么你就不会觉得生活和工作的压力很大。相反，你会觉得处理一切都是得心应手的。

没错，女士们，如果你们可以找一些事情让自己每天都保持快乐与活力的话，那么你们就可以有清醒的头脑去判断事物的价值了。道理很简单，女士们如果以乐观向上的态度把你们的精力放在了那些值得做的事情上的话，那么你们就不会重视那些终日给你制造麻烦的琐碎小事。这样一来，你们的精力就会集中起来，也会让你的家变成梦想中的快乐之园。每一个生活在园中的成员都能够公平地得到愉悦。

那我们究竟该怎么做才能让自己永远保持快乐与活力呢？其实很简单，那就是结合自己的性格，培养一种或几种自己喜欢的爱好。女士们不妨这样做，你们可以先想想是不是有什么事自己一直都想做，或是曾经很想做。这并不难，因为如果你自己细心观察的话会发现，其实在你身边有很多活动都非常有价值，即使你只是住在一个小小的村庄里也是一样。如果女士们真的实在想不到到底自己喜欢什么，那么你们就买本介绍各种俱乐部或机构的杂志，说不定能从那里找到答案。

我妻子就是这样安排她的生活的。因为工作的原因，我每周都会有一段时间不能在家里陪她。开始的时候，桃乐丝对这种生活很不适应。后来，她的思想发生了转变，对自己说："何必呢？为什么每天都要生活在痛苦和沮丧之中呢？快乐是一天，不快乐也是一天，何苦折磨自己呢？戴尔，他很忙，没有那么多的时间陪我，可我为什么不能自己想办法呢？我可以做到的，也一定会让自己快乐的。"

这是桃乐丝后来和我说的，当然她也确实做到了。我妻子在年轻的时候就很喜欢莎士比亚，因此她通过杂志找到了一个莎士比亚俱乐部。于是，她成为俱乐部的会员，而且总是会定期参加他们举行的活动。这个俱乐部属于研究型的文学团体，经常会讨论一些非常有意义的话题。我的桃乐丝很喜欢这些话题，也愿意和他们一起回到400多年前的世界。

有一次，桃乐丝对我说："戴尔，你知道吗？我现在每天都觉得很快乐，因为我可以在那个俱乐部里获得很多新鲜感。现在我每天都充满活力，因为我可以在做家务的时候背诵一下莎士比亚的诗。那真是太美妙了！现在，我好像真的已经不知道什么叫烦恼，什么叫忧愁了！"

我的桃乐丝倒是找到了乐趣，可我却足足过了一段独守空房的日子。不过，我也不是一个甘愿忍受"痛苦"的人。每当桃乐丝不在家的时候，我就会找很多有关亚伯拉罕·林肯的资料来读，因为我对这位美国总统的一生很感兴趣。这样一来，我每天也都可以让自己快乐而且活力无限了。

不光这样，我还会经常和桃乐丝进行讨论，话题主要是围绕着双方的偶像。当然，我们在讨论问题的时候也难免会争执，但因为有了快乐和活力的前提，所以气氛一直都是很愉快的。

这样一来，我们不仅解决了自己郁闷的生活，而且还互相拓展了对方的眼界。其实，这要比那种两人拥有完全相同的兴趣好得多。

《快乐生活指南》这本书的作者克拉泽曾经在一次公开的演讲中说："我们必须承认，不管做什么事情，当它失去新鲜感之后，那么就会变得毫无意思。如果我们能够在生活中找一些新的兴趣和爱好，那么就可以给我原本枯燥乏味的生活带来非常大的变化，也会让我们的工作和家庭关系永远保持新鲜感和乐趣。至于说这么做的好处，我想没必要多说。"

我的观点和克拉泽完全一样。如果女士们如今已经感到生活毫无兴趣可言，终日都觉得枯燥、无聊的话，那么女士们就赶快找一些感兴趣的事，并且尽力把它做好。这无非是想让女士们每天都保持快乐与活力，当然这也是一件有百利而无一害的事情。

恰当的衣着和化妆

我在前面文章中都和女士们强调了这一点，那就是外表对于一个女人来说并不是最重要的，只要女士们有内涵、有气质，就一定可以成为众人眼中最有魅力的女人。对于这一点，我希望女士们要牢记，而且一定要努力去做。不过，这并不代表我就否认个人仪表的重要性。虽然我们在评价一个人是不是有品位和涵养的时候，仪表仅仅是一个很小的方面，但它又的确是最直接、最关键的。女士们的穿着打扮、发型化妆或仅仅是一块手表、一对耳环都会直接折射出你对生活品质的追求。仪表就像是一面镜子，可以将你内心的情趣、修养以及格调等清楚地反映出来。

美国铁路局董事郝伯特·沃里兰以前只不过是一名普通的路段工人。在一次演讲中，郝伯特说："恰当的衣着对于一个人的成功也是很重要的。我承认，一件衣服并不能造就一个人，但是一身好的衣服却可以让你找到一份不错的工作。如果你身上只有 50 美元，那么你就应该花上 30 美元买一件好衣服，再花 10 美元买一双鞋，剩下的钱你还需要买刮胡刀、领带等东西。等做完这些事情以后，你再去找工作。记住，千万别怀揣着 50 美元，穿着一身破烂的衣服去面试。"

纽约职业分析机构的沃森先生也曾经说："几乎所有的大公司都不会雇用那些不懂得穿着和化妆的女职员，因为他们觉得一个不懂得穿衣打扮的女人一定也不懂得如何处理好手上的工作。"华盛顿一家大型零售店的人事经理也曾经说："我在招聘的时候有些原则是必须严格遵守的，决定任何一个应聘者能否经得住考验的先决条件就是他的仪表。"

女士们是不是觉得这有些荒谬？的确，一个应聘者能力的多少确实和他是否能够恰当的穿衣和化妆没有多大关系。然而，任何人都有对美的追求，公司的主管也不例外。我想，不会有人愿意看到在自己公司工作的是一群邋里邋遢的员工。

仪表作为求职敲门砖这一原则已经在全美通行，《纽约布商》杂志曾经对这一原则大加赞赏，而且还做出了分析。它是这样说的："一个人如果非常注意个人清洁卫生和穿衣打扮的话，那么他就一定会非常仔细地完成自己的工作。相反，如果一个人在生活中不修边幅，那么他对待工作也就势必马马虎虎。凡是注重仪表的人都会同样注重工作。"

英国的莎士比亚曾经说："仪表就是一个人的门面。"这位文学巨匠的说法得到了全世界的认可。在我们身边经常会看到有人因为不得体的衣着和化妆而受到人们的指责。女士们可能会和我争辩说："天啊，卡耐基，你怎么是如此肤浅的一个人。难道仅仅是因为没有漂亮的外表你就断定他是一个没有修养和内涵的人吗？"我承认，如果仅凭仪表就去判断一个人确实有些草率，然而无数的经验和事实都已经证明，仪表的确可以直接反映出一个人的品位和自尊感。那些渴望成功的人，那些希望自己魅力四射的人，无一不会精心挑选他的衣装。曾经有一位哲学家说过："如果你把一个妇女一生所穿的衣服拿来给我看，那么我就可以根据想象写出一部有关她的传记。"

心理学家斯德尼·史密斯曾经说："如果你对一个女孩说她很漂亮，那么她一定会心花怒放。如果你敢随便地批评她，说她的衣着一无是处、化妆糟糕透顶的话，她一定会大发雷霆。的确，漂亮对于女人来说简直太重要了。一个女人，她可能将自己一生的希望和幸福都寄托在一件漂亮的新裙子或是一顶合适的女帽上。如果女士们稍稍有一点常识，那么你们就一定会明白这一点的。如果你想帮助一个陷入困境的女士，那么最好的选择就应该是帮助她了解到仪表的价值所在。"

我们不妨将斯德尼的话和郝伯特的话联系起来。是的，虽然衣着和化妆并不能造就出一个人，但是它的的确确给我们的生活带来深远的影响。全美礼仪协会主席普斯蒂斯·穆俄夫德就曾经说："一个人的仪表是能够影响到他的精神面貌的。这不是危言耸听，也不是言过其实，你们可以想象仪表究竟对你们有多大的影响就可以了。"

在这里我还要和女士们强调一点，那就是与化妆比起来，衣着对于你们更为重要。我们会在大街上看到一个穿着整齐但却没有化妆的女人，可是我们绝不会看到一个化着漂亮的妆但却穿着一件邋遢衣服的女士。

如果我们让一位女士穿上一件破旧不堪的大衣，那么这势必就会影响到她的整个心情。即使这位女士以前是一个非常讲究的人，这时也会变得不修边幅。她的心里会想："反正自己已经穿了一件这样的大衣，而且这也没什么不好的，那还何必去在乎头发是不是脏了，脸和手是不是干净，或者鞋子是不是已经破烂？"这只是外在的影响，这件大衣还会让女士的步态、风度以及情感发生变化，当然这是潜移默化的。

相反，如果我们给这位女士换上一件漂亮的风衣，那么情况就大不一样了。她会在心里想："我一定要把自己打扮得漂漂亮亮的，因为只有这样才能配得上这件风衣。"于是，女士会把自己的头发梳理得很顺畅，脸和手也会洗得干干净净，而且还会化上漂亮的妆。这位女士会想办法挑选那些与风衣相配的衣服来穿，就连袜子都必须相宜。更进一步的是，这位女士的思想也会发生改变，会对那些衣冠整洁的人更加尊敬，同时也会远离那些穿衣邋遢的人。

我相信女士们现在一定明白仪表对于你们的重要性。可是我敢说，并不是所有的女士都知道该如何打扮自己。很多女士都认为，花大价钱买那些既贵又时髦的衣服就是最好的选择，浪费一个月的薪水去买那些让人生畏的化妆品就是最棒的。其实，这是一种非常严重的错误观念。

想必女士们都知道英国著名的花花公子伯·布鲁麦尔。这个有钱人居然每年会花费 4000 美元去做一件衣服，仅仅扎一个领结就要花上几个小时。这种过分注重自己仪表的做法其实比完全忽视还糟糕。这种人对衣着太讲究了，把所有的心思全扑在对仪表的研究上，从而忽略了内心的修养和自身的责任。从我的角度看，如果你能够在穿衣打扮上量入为出，做到与自己的身份相匹配的话，那么无疑是一种最实际的节俭做法。

很多女士，特别是一些年轻的女士，她们都把"仪表得体"误认为就是买贵重的衣服和名牌的化妆品。实际上，这种做法与那种忽视仪表同样都是错误的。她们本该将自己的时间和心思放在陶冶情操、净化心灵和学习知识上，然而她们却把大量的时间、金钱和精力浪费在了梳妆打扮上。这些女士每天都在心里盘算着，自己究竟怎样计划才能用那微薄的收入来买昂贵的帽子、裙子或是大衣。如果她们无论如何也做不到这一点的话，那么就会把眼光放在那些粗糙、便宜的假货上。结果是适得其反，她们自己反落得个遭人嘲笑。卡拉尔曾经辛辣地讽刺这类人说："对于某些人来说，他们的工作和生活就是穿衣打扮。

他们将自己的精神、灵魂以及金钱全都献给了这项事业。他们生命的目的就是穿衣打扮，所以根本没有时间去学习，当然也没有精力去努力工作。"

其实，对于大多数普通的女士来说，我倒是有一条不错的建议，那就是穿上得体的衣服，化适宜自己的妆，但这并不需要大量的金钱。实际上，朴素的衣装同样有着很大的魅力。在市面上有很多物美价廉的衣服可供女士们选择，而且我们也能够花少部分的钱买到不错的衣服。

女士们千万不要有这样的错觉，"寒酸"的衣服并不一定会让人反感，相反邋遢才是最让人生厌的。只要女士们懂得如何恰当地穿衣和化妆，那么不管你有没有钱，都可以让自己魅力非凡。只要女士们尽量让自己保持干净整洁，那么就会给你赢来别人的尊重。

很多女士曾经问过我，我所说的恰当的衣着和化妆到底怎么回事？要怎样做才能达到要求？其实，这是一门比较深的学问，并不是马上就能够学会的。不过，我倒是有些建议送给女士们，虽然不一定能让女士们马上改变，但却可以给女士提供改变的方向。

得体穿衣的 7 个原则

不要盲目跟风，一定要选择适合自己的；

提高自己的文化素养，培养自己的内在气质；

训练自己的举手投足，让自己随处可现风雅；

学一些有关色彩的知识，让自己懂得如何进行搭配；

款式不一定要新潮，但一定要能突出你的优点；

可以适当选择一些饰物搭配；

对衣服的质料要求高一点。

至于说化妆，这可不是我的强项，因为我毕竟不是女人。为了能够找到问题的答案，我专门去请教了我的朋友露茜，她可是一位美容专家。露茜送给了我一些建议，现在我再转送给各位女士。

恰当化妆的 4 个原则

买一瓶适合自己的香水，记住，不同年龄的需要也不同；

保护好自己的皮肤，让它随时都能得到呵护；

并不一定浓妆就是最好，要根据你的需要来选择口红和眉笔；

千万不要忘记对手指甲和脚趾甲的护理。

我不知道上面的建议是不是会有立竿见影的效果。但我敢肯定，只要女士们用心留意自己的衣着打扮，那就一定可以让自己魅力四射的。

会沟通，会处事

　　我心里一直都认为，不管出于什么原因，解雇一个人始终都不是一件令人愉快的事情。因此，我很少会主动地解雇帮我做事的职员，除非他们已经找到了更好的出路。然而，3 年前，我却亲自解雇了一个为我工作了 3 个月的秘书。当然，我也是很不情愿才这样做的。

　　在这里，我不想提起这位小姐的名字，因为这可能会伤害到她，所以我们就称她为 H 小姐。坦白说，这位 H 小姐很有能力，会英语、法语、西班牙语和德语四门语言，而且还写得一手漂亮的好字。不光这样，H 小姐还有着迷人的外表、高贵的气质。单从这些条件来说，H 小姐应该算得上是最棒的秘书了。的确，我必须承认，H 小姐把自己手头的工作都处理得井井有条，从没出现过差错。然而，H 小姐却有一个致命的缺点，这也是导致我解雇她的原因。

　　有一次，我因为有事外出不在公司，恰巧这时我的老朋友约翰·查尔顿来公司找我。约翰并不知道我已经雇用了秘书，所以他像往常一样直接走进我的办公室。这时，H 小姐从后面赶上来，很气愤地说："嗨，你这个人怎么如此无礼？难道你不知道到公司找人是有规矩的吗？你应该首先和我这个秘书打一下招呼。"约翰是个很有修养的人，赶忙说："对不起，是我疏忽了。是这样的，我并不知道我的老朋友卡耐基雇用了秘书，所以就很贸然地闯了进来，希望你能够原谅。"H 小姐看了看约翰，很傲慢地说："不要以为是老朋友就可以不讲礼貌，这里是公司，每个人都必须遵守规矩，你也不例外。既然你看到卡耐基先生不在，那么就请你回去吧！"约翰当时有些生气，但是他并没有发作，而是说："哦，真抱歉，我有点急事找他，你能帮我联系一下吗？"H 小姐很不耐烦地说："难道你不知道做秘书的是不能随便透露自己老板行踪的吗？真搞不懂，我的老板怎么会有你这样的朋友！"约翰再也忍不住了，大声喊道："是吗？小姐，难道你就不能说话客气一点吗？我真搞不明白，卡耐基怎么会雇用你这样的秘书。"说完之后，约翰气愤地走了。

后来，约翰把这件事告诉了我。于是，我找 H 小姐谈了一次话。当我说起这件事的时候，H 小姐显得很生气，说："什么？那个无礼的家伙居然还到你这里来告状？真是太可恶了。"我心平气和地对她说："H，难道你不应该对这件事反思吗？事实上，你在处理这件事的时候有很多地方做得并不妥当。"我的话显然激怒了 H 小姐，她大声说："难道您也认为我的做法是错误的？难道那不是一个秘书应该做的事情？天啊！我做了自己的本职工作，居然还要受到责备。"我知道 H 小姐根本没有认识到自己的错误，于是对她说："H，事实上这已经不是第一次了。很多人跟我反映，他们无法与你沟通，因为你说起话来总是不给别人留余地，还经常伤害到别人的自尊。其实，有很多事情你完全可以换一种说法，那样的话事情就变得容易得多。我希望你能够改正自己的缺点。"

很遗憾，直到最后我也没能说服 H 小姐。没办法，我只好选择将她辞退，因为我不能为了她一个人而使很多人不开心。

很多女士为了让自己魅力十足，把大量的时间、精力和金钱都花费在了打扮自己这方面。其中，更高明一点的女士还会注意训练自己的举手投足、培养自己的格调，让自己更有内涵和气质。的确，女士们的这些做法都是正确的，也是应该的。然而，如果女士们忽略了沟通处事这一点，那么当你与人交往的时候，也会给人一种很不愉快的感觉。

其实，对于女士来说，不管你是职业女性还是家庭主妇，会沟通、会处事都是非常重要的。你在这方面是否有魅力会直接影响到你是否能够给对方产生很强的吸引力，也关系到你是否可以获得别人的喜欢。同时，如果女士们能够掌握住说话办事的技巧，那么你们就无疑能够在与人相处的时候表现出自信，让别人被你的魅力所折服。

人际关系学家查理·休伯特在他的著作《论女人的魅力》中曾经说："对于一个女人来说，漂亮的脸蛋、姣好的身材、脱俗的气质等是让她们魅力十足的先决条件。可是，如果一个女人满口脏话，出言不逊的话，那么恐怕也不会得到别人的喜欢。语言是上帝赐给人类的礼物，一个风采迷人、魅力四射的女人必须懂得如何说话，如何办事。事实上，如果一个女人能够掌握说话办事的技巧，那么她就可以很容易地弥补一些自己先天性的缺陷。"

然而，有些女士似乎并不认为会沟通、会处事是非常重要的。在她们看来，只要自己够漂亮、有品位，那就一定会征服所有的人。至于怎么说话，那不需要学，也不需要关注，因为说话和办事只要是达到目的就可以了，根本不需要学习什么技巧。

唐·邦德是美国著名的影视演员经纪人，我们曾经在一起吃过晚餐。席间，唐问我："卡耐基先生，你觉得挑选演员的标准应该是什么？"我想了想回答说："迷人的外表、优雅的气质、高超的演技，这些东西应该是最重要的吧？"唐笑了笑，说："不，你错了！事实上，我在挑选演员的时候很看重他的谈吐，特别是女演员。有些女孩子很漂亮，也很有气质，可惜她们不知道该如何沟通处事。可能你认为对于一个演员来说，演好戏才是最重要的。至于说话办事，那只是一种日常人际交往的技巧罢了。"我点了点头说："是的，唐，我一直都这么认为。"唐接着说："你知道吗？要想做一个好演员，必须要有征服观众的魅力。即使你的外表再漂亮，即使你的演技再高超，如果你不懂得如何沟通处事的话，也是一件非常麻烦的事。举个例子来说，演员总是要和观众沟通的，不懂得与观众交流、相处的演员永远不会成功。试想，如果一个演员老是用言语伤害观众，使观众对他产生一种厌恶感，那么他怎么可能会出名，怎么可能会成功？一个不会说话办事的演员没有魅力，没有魅力的演员不会成功。"

的确，唐·邦德给我们揭示一个容易被忽视的道理。其实，早在以前我也没有把魅力和会说话、会办事联系起来，直到我认识了卡拉女士。

卡拉女士在一家汽车轮胎公司任经理，我对她的了解是通过别人的描述得来的。华盛顿轮胎销售商卡尔对我说："和卡拉女士谈判简直是一种享受，虽然我们都在为各自的利益着想，但是却从未发生过争吵。卡拉女士的每一句话都让人觉得非常舒服，总让我有一种非与她合作不可的感觉。"一家生产橡胶的公司的销售经理也说："卡拉有一种让人无法抗拒的魅力，每次和她谈判的时候都有一种愉快的感觉。按理说，作为公司的经理，我应该完全替本公司着想。可是，卡拉总是有办法让我知道他们的难处，理解他们的困难。虽然我知道有些时候她是在玩弄一些小把戏，但我却情不自禁地钻进她所设下的圈套。"

　　我对卡拉女士产生了强烈的好奇心，于是亲自去拜访了她一次。当见到卡拉女士的时候，我大吃了一惊，因为她与我想象中的形象完全不一样。卡拉女士个子不高，身材也有些发胖，长相也非常普通。说实话，我当时很难把她与"魅力四射"这个词联系起来。

　　然而，我和卡拉女士交谈以后却发现，自己已经完全被她征服了，因为卡拉女士深知与人交谈的技巧。她说什么话都会给自己留下一点余地，而且也不在我面前摆什么经理的架子。我能感觉到，面对我的提问，卡拉有所保留，因为她不想那么快亮出底牌。此外，卡拉女士很礼貌，也很有耐心，似乎一直等待你一点点地跟着她走。当然，必要的时候她也会大兵压境，甚至让你有喘不过气的感觉。不过，每当这个时候她又会适时地停止进攻。

　　当我们的谈话结束时，我对卡拉女士说："真不可思议，您大概是我见过的最有魅力的女士了。"卡拉有些不好意思地笑了，说："您过奖了，卡耐基先生，我不过是懂得一点说话办事的技巧罢了，没什么魅力可言。"

　　我知道这是卡拉女士自谦的说法，因为在她嘴里轻松说出的所谓技巧的确能够让很多人折服。回去之后，我对卡拉女士所说的话进行了分析，终于总结出了几点经验。

说话办事时应掌握的技巧

掌握时机，恰当地运用感谢的词语；

与别人交谈的时候一定要多说愉快的事情；

多多赞美别人的优点；

表达不同意见的时候要给对方留足面子；

学会听别人讲话；

合理利用身体语言；

尽量用高雅简洁的词；

千万不可自大、自夸；

玩笑要开得适可而止；

平时注意充实自己。

其实，要想学会说话办事，并不是一朝一夕就可以成功的。不过女士们要有足够的信心和决心，然后再看一些有关这方面的书籍。不管女士们是不是都渴望自己成功，是不是都希望自己成为"万人迷"，学会沟通处事总之还是一件好事情。

第四章

让中意的男人喜欢你

世界上最颠倒众生的，不是美丽的女人，而
是最有吸引力的女人。

——柏杨

做有情调的女人

我想在这篇文章的开头问女士们一个问题："你们认为什么样的女人才是男人最喜欢的？"我想，大多数女士会这样回答说："卡耐基先生，你是不是在开玩笑啊？上面那整整一章不都是在说这个问题吗？答案其实很简单，男人当然是最喜欢有魅力的女人了。"我承认，女士们说出的答案是有道理的，男人的确是喜欢魅力十足的女人。可是，要想获得男人的爱，光有魅力是不够的，女士们还需要让自己有情调。

几天前，我的老朋友达勒·赫斯特突然来到我家，同时还带来一位我从未见过的女士。一进门，达勒就兴奋地说："嗨！戴尔，这是我的未婚妻安蒂。告诉你一个好消息，再过 3 个月我们就要结婚了！"虽然在事前我已经有些预感，但达勒的话还是让我大吃一惊。

达勒是英国人，按照自己的说法，他是一个有着高贵血统的英国贵族。他这个人很奇怪，尤其对感情特别挑剔。在这之前，有很多女士都曾经追求过他，其中不乏漂亮的、富有的和有身份的，可是我们这位达勒没有一个看得上眼。用他自己的话来说："我是一个贵族后裔，只有那种让我有怦然心动的感觉的人才能做我的妻子。"

因此，我真的很奇怪，那位叫安蒂的女士究竟是怎样征服他的？事实上，安蒂说不上漂亮，更谈不上有什么高贵的气质。我真的不明白，达勒这个一向狂傲的家伙怎么会选择她。于是，在吃晚饭的时候，我问达勒："老朋友，你能给我讲述一下你们的恋爱史吗？"达勒满脸幸福地说："我们是在一次舞会上认识的，当我第一眼看到安蒂的时候，我就觉得她与众不同。你知道，那些参加舞会的女人都想出风头。她们在脖子上、手指上、耳朵上挂满了首饰，身上穿着价格不菲但却俗气到极点的晚礼服，脸上的浓妆足以让人望而生畏。说实话，每当我看到她们的时候，都有一种想呕吐的感觉。"我知道我的这位朋友一向自命清高，因此从他嘴里说出这样的话来并不奇怪。达勒接着说："可是安蒂不一样。她那天只化了淡淡的妆，也没有戴太多的首饰。最吸引我的还是她那套晚礼服，明显是手工制作的，而且给人一种清新脱俗的感觉。于是，我来到了安蒂身边，和她攀谈起来。一个小时之后，我发现我已经深深爱上了她，因为安蒂对生活的品位简直太独到了。她把那些物质的东西看得很淡，认为只要自己喜欢，什么样的生活都可以变得很快乐。她告诉我，她喜欢自己做衣服，因为那会让她有一种自主的感觉。她最喜欢的是一件睡衣，还说她喜欢穿着睡衣坐在餐厅吃晚餐的那种感觉。正是安蒂这种特有的情调让我对她着迷，所以我决定和她结婚。"

不知道女士们从这个例子中得到什么样的启发。安蒂并不是买不起一身像样的晚礼服，但她却认为那样的生活太过俗套。安蒂对生活有着自己独特的品位，因此她想尽办法让自己生活充满情调。正是安蒂的这种情调，才最终俘虏了达勒的心。

的确，有情调的女人最能打动男人的心，因为男人在粗犷的外表下同样有一颗渴望浪漫的心。情调虽然不能与浪漫等同，但情调却能制造出浪漫。情调其实是一种对生活品质的追求，要求注重个人的享乐，而且还要有品位地进行文化消费。

那么，究竟怎么做才算有情调呢？坐在高级餐厅，品红酒、听音乐是情调；安静地坐在音乐厅欣赏交响乐是情调；悠闲地坐在咖啡馆、喝着咖啡，风雅地抽着女士香烟也是情调……女士们可能又会抱怨说："卡耐基先生，你说的这些都是有钱的千金小姐或是阔太太才能享受到的事。对于普通人家的女孩来说，我们可不愿意花去半个月的薪水来做一回什么有情调的女人。"

我知道，很多女士都把情调和上面那些高级场所联系起来，认为情调是一种奢侈的享受，永远与普通人无缘。事实上，女士们这种想法是错误的，情调是一个女人对生活的品位，是一种思想感情所表现出来的格调。女士们应该清楚，情调与金钱、地位其实没有一点关系。

就在几天前，我的远方表弟卡尔从老家密苏里赶到纽约，他此行的目的就是向我诉苦。卡尔沮丧地对我说："表哥，我失恋了。"我知道，每一个年轻人都对爱情有着强烈的向往，因此我安慰他说："没关系，卡尔，失恋也是一种经历。不过我不明白，你为什么会和娜塔（我表弟之前的女朋友，我曾经见过一次）分手？在我的印象中，娜塔是个漂亮的女孩，而且很善良，还善解人意。"卡尔回答我说："是的，表哥，我知道娜塔有很多优点，但我和她在一起真的很不开心，她的生活简直没有一点情调。约会的时候，我常常提议去一些格调高雅一点的餐厅，因为那样才显得浪漫一些。可娜塔却说，与其花很多钱在餐厅吃，还不如自己买一些东西在家里吃。其实，在家里和喜欢的人一起吃晚饭也可以是一件让人感到愉快的事情，可娜塔却让我的希望落空。她总是胡乱地煮一些东西，然后很随便地把食物放在盘子里。我提议何不关上灯来一次烛光晚餐，可她却说那样太黑不利于吃东西。吃完饭后我提议跳一支舞，可她却说还有很多家务等着做。我提议将房间布置得温馨浪漫一点，可她却说那是在花冤枉钱。我真的受不了了，虽然我很爱她，但我还是选择了放弃。"

女士们，这不得不说是一场悲剧，一对本来相爱的青年却因为爱情以外的因素而分开。坦白说，娜塔的做法并没有错，应该说她所做的一切也都是为了卡尔着想。因为在她看来，能不花的钱最好还是省下。可是，她没有想到，她的这种好心却伤害了卡尔，因为卡尔希望自己有一段浪漫的恋爱经历。

美国著名心理学家唐纳德·卡特在接受我的采访时曾说："现代人面临的压力越来越大，很多人都不堪忍受。因此，不管是男人还是女人，都需要找到一种方法来缓解这些压力。我认为，最好的也是最有效的方法就是以情调来调节生活。情调能让生活变得多彩，也能让你从中体会到快乐。当然，这些不需要花费你很多钱。"

英国顶级服装设计师乔治·德莱尔也说过："情调其实并不是一种奢侈的东西，只要你愿意，每个人每天都可以过得很有情调。举个例子，假如我给你一筐梨，里面有一些是烂的，那么你该怎么处理？有人会说先吃烂的，因为那样可以给自己节省下一部分。可是，当你吃完烂梨的时候，发现原来好的也已经变烂了。这样，你吃到的永远是烂的。也有人说先吃好的，因为那样可以让自己享受到美味。可是，当你吃完好梨的时候，那些烂梨已经没法要了。这样，你就浪费了很多。其实，你只要动动脑筋就可以了。为什么不把烂的那部分挖掉，然后煮成梨糖水，并在这个过程中把那部分好梨吃掉？这可是一举两得的好办法。显然，这不会花费你很多的时间和金钱，然而却可以让你的生活变得有情调起来。"

女士们，只要你们有一颗热爱生活的心，那么你们就一定可以通过情调来让自己的生活发生改变，也同样能用情调获得男人的爱。女士们一生要扮演很多角色，女儿、女友、妻子、母亲，而如果你们能够将每个角色都做得尽善尽美，让自己的生活充满情调的话，那么你的心情将明媚许多，你身边的人的心情也会明媚许多。

情调女人深知自己最需要的是什么，她们会安排好自己的生活，也会维护好自己生命中最重要的东西。只有懂得情调的女人才能真正地爱别人，也才能让自己真正地快乐起来。而只有女人自己快乐了，他身边的男人才会快乐。爱情虽然是个很难说清楚的问题，但快乐却是爱情中不可缺少的因素。

上面所说的内容都是告诉女士们制造情调生活的重要性。实际上，要想获得一份永恒的爱，懂得制造有情调的爱情也是很重要的。很多女士认为爱情就是两个人互相喜欢，互相帮助，然后组建一个家庭，生儿育女。的确，现实中的生活就是这样，然而爱情是一个浪漫的词语，它无时无刻不需要情调来调试。没有情调的爱情将是枯燥乏味的。

经营你的情调爱情

时常挑选一些精美小礼物送给他；

邀请他吃晚饭的时候一定选择布置别具一格的餐馆；

如果你想请他到家中做客，那么就将自己的房间精心地打扮一番；

偶尔发发小脾气，让爱情中充满酸甜苦辣；

不要让你们的距离靠得太近，神秘感更有魅力；

要学会如何给他制造惊喜。

　　其实，要想真正成为一个有格调的女人，仅凭我上面所说的几点是完全不够的。不过，女士们权且把它当作一种建议，然后自己逐渐地摸索。不过，女士们必须清楚，男人喜欢有格调的生活，更渴望有格调的爱情。因此，如果女士们想让你中意的男人喜欢你，那么你们就一定要做个格调女人。

为悦己者容

女士们在赶赴约会之前都会做哪些准备呢？是坐在家中默默等待约会的到来，还是抓紧一切时间精心打扮一下自己？我想大多数女士会选择后者，因为她们都想让自己喜欢的男人看到自己漂亮的一面。这不是虚荣，更不是虚伪，而是一种正常的心理。事实上，很多女人都以在男人面前"炫耀"魅力为荣耀。

对于后者，我们暂且不说，先说说那些不愿打扮的女性。这种女性往往独立和自主性比较强。在她们看来，取悦男人是一件耻辱的事情。特别是一些女权主义者，她们更不会为了男人而去梳妆打扮，用她们的话说："我穿什么衣服，化不化妆，这都是我自己的事，和任何一个男人都丝毫没有关系，即使是我所爱的男人。"

如果女士们有这种想法，那么我奉劝你们最好早点儿放弃，因为你们还没有做好争取爱的准备。的确，爱是不能以外表来衡量的，虚有其表的爱情不是真爱。然而，女士们不得不承认，男女之间产生爱情的第一步就是感官上的认识，主要是视觉和听觉。试想一下，如果你没有给一位男人留下很好的第一印象的话，那么想要和他继续交往将是件很困难的事。

美国职业婚姻介绍所所长艾瑞克·庞德在一次演讲中说："我们曾经安排过几千对男女约会。根据我的经验，那些双方都很重视约会，并且愿意为约会而精心打扮一番的男女的成功率要远比那些有一方或双方都不愿打扮的男女的成功率高得多。其中，如果女方在约会的时候没有修饰自己的话，那么第一次约会的成功率几乎很小。这并不是说男人都很好色，而是因为如果一个女人不化妆，穿着很随便的衣服去约会的话，那么男人就会觉得她是在轻视自己，从而放弃与她交往的想法。"

我觉得艾瑞克最后一句说得非常好，相信女士们还记得，在前面的文章中我多次提到过"深具重要性"这个词。是的，男人是一种自尊心很强的动物，特别是当他们与女人交往的时候，更希望满足自己的自尊。因此，女士们穿上自己精心挑选的衣服，化上适宜的妆的做法并不是取悦男人，而是满足男人的自尊心。当满足了男人的自尊心以后，女士们实际上就已经把男人征服了一半。其实，男人就是这么简单的动物，他们找妻子有时候就是为了满足自己的自尊心。

因此，女士们，我奉劝你们放下自己的"自尊心"，不要把为了男人而打扮看成是一件非常可耻的事情。事实上，你们这样的做法非但不会让男人轻视你们，反而会赢得男人更多的青睐，因为他们喜欢你们重视他。

有一次，我和妻子在我家附近的一家餐馆吃饭。其间，我听到坐在不远处的一对青年男女正在争吵，很显然，他们是一对热恋中的情侣。那个男的说："难道你就不能换一个发型吗？我说过了我讨厌这种爆炸式的发型。"女的有些委屈地说："怎么？你为什么不喜欢？你凭什么不喜欢？这可是今年最流行的。"男的有些激动，说道："什么流行不流行，我更喜欢以前长发披肩的你。还有，你再看看你的这身衣服，难道就不能穿得淑女一点吗？干吗把自己打扮得像个舞女一样？"小伙子的话的确有些过分，所以那个女的也生气地回敬道："我像个舞女？那你为什么还和一个舞女待在一起？你这个不知好歹的家伙。你知道吗？为了这次约会，我整整准备了一个星期，就是想给你一个惊喜。可你呢？不但不称赞人家一句，反而还要污辱我！"男人也不示弱，说道："惊喜？是够惊喜的！难道你不知道我喜欢淑女类型的吗？你以前不是挺好的吗？干吗要穿成这样？上帝，我怎么会喜欢这样一个女人？"最后，这对恋人的午餐不欢而散。

　　回到家后，我和桃乐丝谈论起这件事情，我问她："你觉得导致这场争吵爆发的主要责任在哪一方？"桃乐丝笑了笑，说道："哪一方也不是，其实这些问题在你的书中都提到过。那个男孩应该站在女孩的角度考虑问题，而那个女孩则应该根据男孩的兴趣打扮自己。他们真应该去上你的辅导课，学习一下究竟该如何与对方相处。"我笑了，说："是的，但我认为更应该改变的是那个女孩。我并不是说一定要女人为男人付出，但要想解决问题必须要有一方做出让步。事实上，以我的眼光来看，那个女孩的确更适合淑女装。既然她本身适合而且男朋友也喜欢，那么为什么不改变自己呢？要想得到一个男人的心，有时候做一下牺牲也是必要的。"

女士们，正因为我的这本书是写给你们的，所以我才要求女士们改变自己。这是因为，我写下这本书的目的就是教会女士们如何主动出击，为自己获得一份渴求已久的爱情。其实，很多女士都有这样一个错误的观念，那就是她们认为精心打扮是自己的事，只要自己喜欢的，那么对方也一定会喜欢。每个人的审美观点都是不一样的，特别是男人在看待女性的时候往往有一套他们自己的审美观念。如果女士们不顾男士们的想法，执意要根据自己的意愿来梳妆打扮的话，那么结果肯定是会让每一次约会都不欢而散。

人际关系方面的专家约翰·查尔顿在《少男少女》杂志上曾经这样写道："青年男女恋爱成功的第一个前提就是让对方有一种愉悦感。这一点对于女士们更为重要。作为女性，你们不妨按照男人的意愿来打扮自己。虽然那会让你们觉得有一点委屈，但却可以让你心中理想的对象更加爱你。从心理学角度来说，男人看到一个女人愿意为了自己而改变，那么他就会认为这个女人十分的爱他。通常情况下，男人在面对这种女人的时候都会紧抓不放，因为他们希望自己有一个懂事的妻子。"

亨利是个年轻帅气的小伙子，而且还是华盛顿一家大公司的总经理。这样，亨利自然就成了女性心中的抢手货，因此追求他的女性不计其数。可是，这个亨利却是出了名的"冷酷汉"，不管什么样的女人都不能打动他的心。他曾经对外宣称，自己终生都不会娶妻，因为没有一个女人值得他去爱。

然而，就在几天前，《华盛顿邮报》以醒目的标题刊登了一篇名为《昔日单身贵族，今朝已要结婚》的文章。一时间，所有人都议论纷纷，都想知道这位神奇的姑娘到底是什么样子。当时，人们都猜想这个姑娘一定是美若天仙，说不定还是出身贵族。然而，当婚礼举行的时候，所有的人都大吃了一惊，亨利的妻子虽然漂亮，但是并不是十分超群。而且，她以前不过是亨利手下的一个小职员而已。

当说起这段感情时，亨利直言不讳地说："正是她的一片真诚打动了我。"原来，那位姑娘以前只不过是个打字员。她和其他人一样，早就对亨利有了倾慕之情。不过，她知道自己绝不可能和亨利在一起，因此从来没有向任何人透露过自己的秘密。

不过，这位姑娘心中深爱着亨利，因此一直都想为亨利做点什么。由于和亨利在一起工作，所以她多少知道一些亨利的喜好。亨利不喜欢太瘦的女孩子，因为他认为那样看起来弱不禁风。于是，这位姑娘就拼命地猛吃，让自己的体重增加了十几斤。亨利不喜欢化浓妆的女孩子，所以她每天就给自己淡淡地涂上一些妆。此外，她还留心观察亨利喜欢她穿什么样的衣服。只要亨利说一句不错，那么她就会一口气买下很多件这个类型的衣服。有一次，亨利突然说姑娘脸上的一颗黑痣影响了美观，结果她回家之后居然用刀把痣割掉。结果，她的脸上落下了一个疤。当亨利知道这一切以后，他的心向她敞开了，因为他觉得遇到一个肯为自己改变这么多的女人真是太难得了。就这样，两个人终于走进了婚姻的殿堂。

可能有些女士会大喊委屈，因为她们为了追求亨利也都曾经刻意装扮过自己。她们不明白，为什么一个打字员可以成功，而她们却不行。事实上，这些女士都犯了一个严重的错误，那就是没有站在亨利的立场上考虑问题。她们的确是打扮自己了，可那是按照她们的意愿进行的。有的女士为了吸引亨利的注意，拼命地减肥，因为她觉得男人都喜欢苗条的女人。有的女士化上很浓的妆，因为她觉得男人都喜欢妖娆的女孩子。有的女士居然还穿上了暴露的服装，因为她觉得男人都喜欢性感的女人。事实呢？她们的做法恰恰是背道而驰，不但得不到亨利的爱，反而招来他的反感。

因此，在这里我有几个建议送给女士们，在你们决定和一个男士相处之前，请你们牢牢把它记住。

为悦己者容的好处

使男人获得自重感；

吸引男人的目光；

让男人愿意与你相处；

使你在男人心中的形象更美。

为心爱的男人打扮的原则

千万不要认为打扮自己是一件浪费时间和金钱的事情；

要站在男人的角度看问题，按照他理想中的形象去打扮；

为男人付出要有一定的底线。

我需要对最后一点进行说明。我希望女士们能够为自己的男人打扮，那是因为这样做可以让你们获得男人的爱。不过，这种付出是有底线的，也是有前提的。并不是说女士们为了让男人开心就需要完全按照他的意思去做。有时候，一些不幸的女士会遇到有特殊癖好的人，如果女士不知道拒绝他们的话，那么恐怕婚后的生活也不会有幸福可言。

羞涩的诱惑力

　　心理学家唐纳德·鲁卡尔曾经对 1000 名男士做过一项调查。他首先问这些男士，在他们心里，什么样的女人才是最美丽的？结果，1000 名男士分别给出了各种各样的答案，有的说脸蛋漂亮，有的说身材苗条，还有的说气质高雅。可是，当唐纳德问他们认为女人在什么情况下最美丽的时候，那 1000 名男士几乎都回答说："羞涩的时候。"后来，唐纳德发表了一篇调查报告，其中写道："对于所有的男人来说，我是说所有，最无法抗拒的就是女人的羞涩。女人的魅力有千百种，女人也可以通过各种各样的方式来吸引男士们的注意。但是，不管什么方法都不能和羞涩相比。我可以肯定地说，懂得羞涩的女人永远都是最美丽的。"

　　事实上，羞涩是人类的一种美德，也是人类文明进步的产物。著名的专栏作家狄卡尔·艾伦堡曾经说过："任何一种动物，即使是最接近人类的黑猩猩，也绝不会有羞涩的表现。人类最天然、最纯真的情感表现就是羞涩。这是一种难为情的心理表现，往往与带有甜美的惊慌、紧张的心跳相连。当人们感到羞涩的时候，他的态度就会显得有些不自然，脸上也会泛起红晕。对于女人来说，羞涩就是一枝青春的花朵，也是一种女人特有的魅力。"

几天前，我去参加了约翰·德克里的婚礼，他可是被称为纽约的商界奇才。婚礼举办得很隆重，新娘子也很漂亮。当婚礼仪式结束以后，在场的来宾一致要求德克里讲述一下他们的恋爱史。德克里有些腼腆地说："其实，我和我妻子是在一次舞会上认识的。事实上，那天舞会上有很多漂亮迷人的女士，我妻子在其中并不显眼。然而，当我去请她跳舞的时候，我的心却被她俘虏了。我走到她的面前，很礼貌地对她说：'小姐，能请你跳支舞吗？'当时，我妻子很害羞地低下了头，脸上泛起了红晕，怯生生地说：'对不起，先生，我怕我跳不好，那样会出丑的。'上帝啊，我确信那是世界上最美妙的声音，而她就是我生命中的天使。我不知道自己怎么了，但我确定我已经爱上她了。从那以后，我对她展开了疯狂的攻势。

"开始的时候，我总是找借口约她出来，或是送她一些礼物。可她每次都很害羞地拒绝我。你们可能认为我会退缩。不，她的这种害羞反而让我对她更加痴迷。于是，我开始不停地约她，送她礼物，并且向她表达爱意。当我把求婚戒指摆在她面前的时候，她的脸就像是一个红红的苹果。我能觉察到，她太紧张了，因为她不停地喘着粗气。那时，我真觉得她是世界上最美的女人。还好，最后她终于答应了我的请求，成为了我的妻子。"

相信女士们一定都知道究竟是什么打动了约翰·德克里的心。没错，就是他妻子诱人的羞涩。我们假想一下，如果当时的那位女士不是很腼腆、很羞涩，而是异常兴奋地说："噢，天啊，你就是商业奇才约翰·德克里吧？你是我的偶像，事实上我早就注意你了。来吧，让我们跳支舞。还有，舞会结束后我们可以考虑去喝点儿什么。"我想那位商界奇才一定会吓得逃之夭夭。

对于女性来说，羞涩是你们独具的特色，也是你们特有的风韵和风采。我承认，有时候男士也会羞涩，但是最迷人的且出现频率最高的还是女人的羞涩。羞涩常常会让一个男人显得有些狼狈甚至可笑，但它却会让一个女人看起来魅力非凡。相反，如果一个女性缺少了羞涩，那么势必就会失去应有的光彩。羞涩是属于女性的，也是女性的特色之美。康德曾经说："羞涩是大自然蕴含的某种特殊的秘密，是用来压制人类放纵的欲望的。它跟着自然的召唤走，并且永远都与善良和美德在一起。"

的确，很多艺术家也都把眼光放在了女性的羞涩美上。伯拉克西特列斯创作的《柯尼德的阿弗罗狄忒》和《梅迪奇的阿弗罗狄忒》这两幅雕塑作品都反映了女性的羞涩之美。羞涩就像一层神秘的轻纱，轻轻地扑在女人的身上，让她们看起来有一种朦胧感。对于男人来说，含蓄的美最有诱惑力，最能激发他们的想象。因为，当女士们表现出羞涩的时候，男人将会为你如痴如醉，痴狂不已。

斯泰尔夫妇大概是美国最令人羡慕的一对夫妻了。他们结婚已经有30年了，却每天都过着犹如初恋般的日子。两个人会经常送对方一些礼物，每天都要到附近的小树林中散步。对于大多数夫妻来说，结婚后如果还经常说一些情话简直是一件太过肉麻的事情，而在斯泰尔夫妇看来，那真是再正常不过了。斯泰尔先生曾经毫不掩饰地说，他每天晚上都要和妻子说："晚安，我的甜心。"

这真是太不可思议了，究竟是什么使得这对夫妇永保新鲜感呢？为了找到问题的答案，我专程拜访了斯泰尔先生。斯泰尔先生对我说，他们的关系之所以能够保持亲密如初，这和他妻子有着很大的关系。原来，斯泰尔夫人生性有些腼腆，很容易害羞，就算结了婚也依然如故。斯泰尔先生说："我妻子很害羞，对我也是一样。有时候，我送给她一件小礼物，她的脸会非常的红，还会小声地和我道谢。在别人看来，我妻子也许有心理疾病，因为她对丈夫不应该这样。事实上，我妻子在其他事情上都很正常，唯独在我们夫妻关系上显得羞涩。然而，正是她的这种羞涩让我如痴如醉，感觉她依然是我以前所爱恋的那个姑娘。因此，我总是尽力讨好她，让她开心，因为我实在太陶醉于她羞涩时的样子。"

我在采访完斯泰尔先生之后，又找到了斯泰尔夫人。然而，让我大吃一惊的是，这位斯泰尔夫人一点也不腼腆，而且还非常健谈。我问她这到底是怎么回事，她回答我说："以前的我确实很害羞，但是经过这么多年的磨炼我已经不再那样了。可是，我知道我丈夫非常喜欢以前那个胆怯的、爱红脸的小姑娘，所以我就在他面前依然保持原来的样子。这很有效，因为丈夫总是把我当成那个小女孩。他会记得我的生日，还会送给我一些礼物。同时，他仿佛对我有说不完的甜言蜜语。"

　　从那以后，我更加相信女人的羞涩是有着惊人的魅力和功能的。它可以唤醒两性关系中的精神因素，从而使得两性之间的生理作用减弱了许多。在这个世界上，没有任何一种色彩能够比女人的羞涩更美丽。

　　我相信很多女士此时已经跃跃欲试地等待我传授给女士一些方法，因为她们也想让自己变得羞涩起来。其实，女士们没有必要刻意去学习，因为羞涩是女人的天性。想一想，当你们第一次收到男朋友的礼物时是一个什么感觉？当他第一次约你时是什么样的感觉？当他向你求婚时是什么样的感觉？多想想这些，那么女士们就能体会到什么才叫真正的羞涩了。

　　不过，虽然我没有方法送给女士们，但是我需要提醒女士们注意两点。这很重要，女士们一定要牢记。

羞涩的注意事项

不要把羞涩和胆怯混为一谈；

千万不要刻意追求羞涩。

我们先来看看第一点。很多女士存在一个误区，那就是认为羞涩就仅仅是不好意思，甚至是胆怯。诚然，羞涩中要包含一点点胆怯，那样才会产生一种朦胧的美感。可是，如果一味地退让、妥协、不敢出击，那么就不是羞涩了，而是懦弱。我在前面的文章中已经提到过，温柔和懦弱不是一回事，同样羞涩和懦弱也不是一回事。女士们千万不要为了得到男人的爱而放弃了自己的原则，那样的做法是得不偿失。

第二点也很重要。一些女士在看完文章后，迫不及待地想要让自己变得羞涩起来。于是，她们对着镜子练习，每天揣摩别人的心思，结果她们表现出来的羞涩给人一种十分做作的感觉。事实上，这种刻意追求表现出来的羞涩不但不会给人一种美感，反而会引起人们的反感。

女士们，请你们牢记，只有发自内心的、最纯真、最朴实的羞涩才是最有诱惑力的。

眼神效应

多伦多大学心理学教授劳雷斯·科尔曾经在一次公开演讲中讲道："一直以来，人们都把'直观'的表达方式看成是最有效的传递信息的方法。因此，现在的人们都热衷于参加口才培训班、礼仪培训班。在大多数人看来，声音和肢体语言才是人类进行交流的最重要途径，其他的不过是辅助措施而已。事实上，这种想法是错误的。人可以说谎话，也能做出一些与自己真实想法相违背的动作和表情，但却很难掩饰自己的眼神。大多数情况下，人们的内心活动都是通过自己的眼神反映出来的。"

女士们，你们是不是同样忽视了眼神效应呢？当你心仪的男人向你投来表示爱的目光的时候，你是如何回应的呢？如果女士们没有认识到眼神效应的重要性，那么我敢说，你们一定错过了很多绝佳的机会。

两性心理学专家克顿·帕沃尔曾经说："很多女士都忽视了眼神效应的重要性。她们认为，在面对男人的好感时，回应的方式只能是通过语言或肢体。然而，很多女士因为害羞而不好意思做出明确的回应，所以她们自己错过了很多抓住爱情的机会。其实，女士们大可不必低估男人的智商，很多时候，只要你们通过眼神做出相应的反应，那么男人就可以心领神会了。"

唐纳先生是纽约一家大证券公司的经理。由于工作的原因，他很少有机会接触到公司以外的女性。因此，为了解决自己的婚姻问题，唐纳先生经常去参加一些专为单身男女准备的派对，而他也正是在这种派对上结识了现在的妻子凯瑞。

当我问起他们是怎么走到一起的时候，唐纳先生说："事实上，我们第一次见面的时候一句话都没有说。"我觉得很奇怪，问道："没说一句话？那你们凭什么确定彼此对对方都有好感？"唐纳笑了笑说："眼神！整个派对我们都是在用眼神交流。老实说，我是一个腼腆的人，所以我虽然去参加了派对，但却很少主动和姑娘们搭讪。那天，我独自一个人站在靠门口不远的地方喝着香槟酒，带着几丝嫉妒的眼神看着那些谈得热火朝天的男女们。这时，我感觉有人在注视我。卡耐基先生，你相信这种感觉吗？我想你也一定有过。我环顾了四周，发现在房间东南角处坐着的一位年轻漂亮的姑娘正在注视我。当我发现以后，她并没有退缩，而是依旧看着我。从她的眼神中，我看出她对我有好感，因为那不是普通的注视。于是，我们会意地朝对方点了点头。接下来的事情不用说了，从那天起，我们就开始恋爱了。"

这件事引起了我很大的兴趣，因为我还是头一次在现实生活中听说人与人之间用眼神交流。我现在已经知道了唐纳先生当时的心理活动了，所以我还要去问一下凯瑞女士，因为我想知道她当时是怎么想的。凯瑞告诉我，她和唐纳一样，也是一个性格内向的人，再加上工作繁忙，所以婚姻问题一直没能解决。虽然她也参加过很多次单身派对，但却从未成功过，因为她也从不和任何人搭讪，即使有男士主动上前。那天，当她第一眼看到唐纳的时候就对他有了好感。当唐纳发现她在注视他的时候，凯瑞告诉自己，千万不能放过这次机会，一定要让对方知道自己的心思。于是，她大胆地与唐纳对视，并向她表明自己也很中意他。最后，两人心领神会，终于走到了一起。

我想，唐纳夫妇的故事完全可以被改编成一部充满浪漫的言情小说。是的，这的确让人有些难以置信，但它确实是发生了。女士们，他们的成功告诉你们，要想获得真爱就必须抓住机会。你们想要向对方表达你的爱意，并不一定非要直截了当地告诉他。事实上，如果你们将放松、大方的目光投向他们，再配上自己真诚、甜美甚至性感的微笑，那么男人就会觉得，你为了让你们的双目碰撞到一起，已经做出了非常大的努力了。这时，你千万不要胆小，也不要放弃，绝对不能是"蜻蜓点水"后就环顾四周。你们不要浪费自己苦心经营起来的充满爱的目光，要让它在男人的眼睛里停留六七秒。这样，男人的脑子就已经成为了一堆"糨糊"，完全处于一种飘飘然的状态。接着，你再报以非常肯定的目光，告诉他他并没有理解错。这时，他已经完全明白过来了，也理解了你的意思。于是，你最美好的形象就深深地留在了他的心中。当然，这还没有大功告成，千万不要前功尽弃，因为这只是打开爱的大门的一把钥匙。

不过，女士们必须牢记一点，那就是这种放松大方的眼神并不是适合所有的人。曾经有一个男人在相亲以后和别人说："天啊，那个女人真是太可怕了，我可不敢和这样的女人相处。谁都知道，初次见面的男女都是很害羞的，所以我们谁也不说话。可你们知道吗？当我偷偷用眼光观察她的时候，发现她居然正在看着我，而且丝毫不躲避我的目光。我姑妈明明告诉我她是一个害羞的女孩，可我当时反倒觉得她有些不正经。一个女孩子，怎么可以毫无顾忌地去看一个男人呢？上帝，真是太可怕了。"

女士们，应对这种"古董"式的男人显然不能用上面的方法。在他们看来，女性的美就体现在温柔、羞涩和腼腆之中。因此，如果想要博得这种男人的青睐，那么最好的方法就是让自己的眼光"敏感"起来。也就是说，当男人将目光投向你的时候，你不妨快速地躲开他，然后再试探性地看他一眼。这时，男人会觉得你的眼睛里充满了楚楚动人的目光，而且还向他传递着模棱两可的信息。他们会觉得，你们的目光非常的迷人，而你也是世界上最美丽的姑娘。

此外，我有 3 个原则送给女士们，希望能够帮助女士们更好地运用眼神效应。

运用眼神效应的 3 个原则

要对他有所了解；

利用他不同的心情；

选择最佳的环境。

关于这 3 个原则，我要给女士们一一解释一下，先说后面两个比较简单的。其实利用男人不同的心情这一点不难。男人在高兴的时候希望有人能和他分享，男人在痛苦的时候希望有人和他共同承担，男人在身体不适的时候希望得到人的照顾。因此，女士们在面对男人不同心情的时候一定要懂得对症下药。当男人高兴时，你的眼神要表现出兴奋；当男人痛苦时，你的眼神要表现出同情；当男人生病时，你的眼神要表现出关切。一个人在心理倾向很明显的时候，精神会非常敏感。我敢保证，只要你们按照我的说法去做，他们一定会对你的眼神和你"感激不尽"。

至于说选择最佳的环境，这也不是一个很困难的事。因为谁都知道，没有人喜欢在一个恶劣的环境中谈情说爱。想象一下，明媚的阳光、清新的空气、鲜花、绿草……再加上你的妩媚的眼神，我想任何一个正常的男人都不可能抗拒得了这种美景的诱惑。我相信，你心目中的男人一定会为你而倾倒的。

最后，我们再来看看第一个原则。这应该算是比较难的，因为了解一个人不是一件很容易的事。如果你和中意的男人在以前就有过接触的话，那么情况还要好处理一些。可是，如果你所喜欢的男人是一个你从来没有接触过的又该怎么办呢？遇到这种情况的时候，女士们就必须学会从对方的眼神中分析出他的情况。

我在之前已经说过，眼神是最能反映出一个人的内心世界的。因此，女士们如果想更好地运用眼神效应，那么就必须先学会读懂男人的眼神。如果一个男人对你所拥有的是一种真正的爱的感觉的话，那么他的眼神就一定非常的纯洁和坦荡。同时，你可以从他面部的微笑和表情上感觉到他的真诚和自然。这时，女士们就不应该再犹豫了，必须马上向对方抛出你充满爱的眼神。你要让对方感觉到，你知道他喜欢你，明白他所传递的信息。同时，你还要通过眼神向他表达，你接受他的爱意，并且也对他有同样的感觉。

另外一种眼神是属于欣赏性的。这种欣赏性的眼神往往给女士传递出他对你有好感的信息，但这并不代表他会接受你的爱意。应该说，这种欣赏性的眼神会让女士们有些左右为难，因为如果把握不好的话很可能会给对方留下你是在自作多情的感觉。因此，当遇到这种情况的时候，女士们可以选择主动出击，但最好是经过仔细的考虑。

女士们一定要慎重对待最后一种眼神，那就是不怀好意的眼神。男人的这种眼神是最令女人接受不了的，因为女士们会感觉到浑身不自在。如果给这个男人再配上令人生厌的面部表情以及一些使人难堪的言辞和行为的话，那么女士们最好不要去招惹他们，还是早走为妙。如果女士们不愿意逃避的话，那么你们就应该用坚定的、不容侵犯的眼神告诉他，他不轨的念头是绝对不会得逞的。

不过，女士们千万不能被个别的不怀好意的男人动摇了你们的信心。事实上，只要你们大胆、灵活地使用眼神效应，向自己心仪的男人表达自己的爱意，那么就一定可以得到自己梦寐以求的爱情。

用柔情结网

芝加哥著名心理学家麦克·肯特曾经说过："聪明的女人都懂得如何运用她们的温柔。事实上，不管是男人还是女人，都对女性的温柔有着一种天生的好感。女人的温柔无疑会给周围的环境增添一些亮色和温暖，她会让对方的情感找到归依。"人际关系学大师斯蒂芬·霍尔曼也曾经直言不讳地说："相信没有人会喜欢一个自私、贪婪、任性的女人，可是如果这个女人学会了温柔，那么她一样可以交到很多朋友。相反，即使女人身上有千个万个人类的美德，只要她没有温柔，那么也不会成为受欢迎的人。我虽然没有找到最根本的原因，但是我知道所有的人都喜欢温柔的女人，这是不争的事实。"

我同意他们所说的话，因为我就曾经有过一次很不愉快的经历，直到今日还记忆犹新。那是一天早上，我独自一人坐在办公室思考问题。突然，一阵急促的敲门声打断了我的思路，我赶忙起身开门。门外站着一位女士，应该说是一位漂亮迷人的女士，而且还很有气质。说实话，当时我很难把眼前这位美丽的女士与刚才粗鲁的敲门声联系起来，我宁愿相信那是我的秘书做的。

　　还没等我开口，那位女士就大声说道："您是卡耐基先生吧？您好，我叫露易斯，是一家汽车公司的推销员。我想问您需不需要汽车？"我摇了摇头说："谢谢您，可是很抱歉，我……""哦，卡耐基先生，不要这样好吗？"她突然大声叫了起来，说实话把我吓了一跳。她接着说："我们的汽车很好的，一定很适合您的。"我定了定神，说道："谢谢您，可我真的不需要。""什么？"那位女士又大叫了一声，让我在一天之内受到了两次惊吓。"请您不要这么快就拒绝我好吗？"女士显然有些激动，"您再考虑一下吧！我们的汽车真的很不错，而且我还能给您很高的优惠。这对您来说是件好事。"这时，走廊里聚集了很多人，因为大家都以为我是在和那位女士吵架。当时的我很尴尬，于是就对她说："小姐，对不起，我还是不需要。"最后，在我的一再坚持下，那位女士终于离开了。

　　说真的，发生那件事以后，我一整天的心情都糟透了。虽然我知道自己不应该被这样的小事搞得心烦意乱，但却怎么也不能把它忘掉。后来，我听说那位女士换了很多份工作，但始终没有一次成功的。

　　小的时候，每当学校放暑假我都会去我姑妈家住上几天。这一方面是因为我姑妈做的土豆泥和烤牛排味道非常棒，另一方面是因为姑妈经常会给我讲一些好听的且富含哲理的故事。记得有一次，我突发奇想地问姑妈，要想得到自己心仪的东西，最好的方法是什么？于是，姑妈就给我讲了一个年轻人的故事。

很久以前，在一个小村庄里住着一个年轻人。这个年轻人非常喜欢吃鱼，可是由于家庭不富裕，所以根本买不起。后来，他就常常一个人跑到村外的小河边，看着河里来回游动的鱼说："亲爱的鱼啊！我该用什么样的方法让你们跳到我的餐桌上呢？"一天，一个长者看到他在河边发呆，就问他："年轻人，你站在这里干什么？"年轻人说："我喜欢吃鱼，所以在观察它们，希望能找到捕鱼的方法。"长者笑了笑说："要想得到鱼就必须行动起来！与其在这里傻傻地看鱼，还不如回家编织一张渔网来捕鱼。"

很多年后的今天，我对这个故事依然记忆犹新。当我准备给女士们写点东西的时候，马上就想到了这个故事。我不知道我的比喻恰不恰当，但我认为女士们中意的男人就是"鱼"，而女士们就是想要得到鱼的人。与其坐在那里终日空想如何得到男人的爱情，还不如回家行动起来，编一张能抓住男人心的"网"。

那么，究竟用什么才能编织出最好的网呢？答案是柔情。在前面的文章中我已经提到过，温柔的女人是最可爱的，也是最受欢迎的。的确，如果女士们想成为所有人眼中的魅力天使，那么温柔是必不可少的。同样，如果女士们想获得男人的青睐，那么温柔则更加重要。

美国家庭委员会主席德勒克·塔克博士曾经对1000多名单身男性进行过调查，问他们心目中最理想的女性是什么样的？其中，有不到10%的人说是漂亮、性感，而剩下90%的男人则都回答说："温柔的女人。"曾经有一个单身汉直言不讳地说，如果有两个女人让他选择，一个漂亮、性感、忠诚但却脾气暴躁，而另一个则外表平庸、容易红杏出墙但温柔体贴，那么他将毫不犹豫地选择后者。这个回答的确太让人难以置信，因此我追问单身汉为什么有这样的想法。单身汉回答说："外貌并不重要，红杏出墙也是因为你做得不够好，所以这两点对于一个男人来说都无关紧要。可是，如果让我每天对着一个喜欢大吵大闹的妻子的话，那么我宁可打一辈子光棍。我可不想让自己每天都生活在地狱烈火的煎熬之中。"

几年前，我的培训班上来了一位异常痛苦的女士。她告诉我，自己现在几乎没有生存下去的勇气，想要通过死来使自己得到解脱。凭借多年的经验，我马上判断出这是一位被情所困的女士，因此我对她说："想开点，女士，一切都会过去的。"那位女士摇了摇头说："不，不可能，我始终忘不了罗兰（很显然，罗兰先生就是这位女士心仪的对象）。事实上，我真的已经做出很大的努力了。卡耐基先生，在此之前，我听过您的课了，而且也照着上面的方法去做了，可我依然不能打动罗兰的心。"我问她："那您是如何做的呢？"女士回答我说："我特意打扮了自己，而且还注意培养自己的情调。我也运用了您所说的眼神效应和羞涩，但一点作用都没有。除此之外，我对罗兰体贴入微，关怀备至，只要我能做的我都做了。我虽然称不上漂亮，但也还过得去吧！可我真的不明白为什么罗兰始终对我不冷不热？"当时的我觉得很奇怪，因为如果真照女士所说的那样，那位罗兰先生应该会动心的，可为什么会出现这样的情况呢？于是，我要了罗兰先生的联系方式，并邀请他和我共进午餐。

我和罗兰先生是在一家小餐馆见的面。的确，罗兰绝对有理由让那位女士痴狂。这位年轻的小伙子不仅相貌出众，而且还风度翩翩。当我说明我的来意以后，罗兰摇了摇头说："其实，我承认她为我做了很多事，而且她也是一位非常不错的女孩子。可是，我根本对她没有感觉，这和外表、气质等没有任何关系，主要是因为她不懂得温柔。虽然她对我好，但她从没有温柔地和我说过话，这让我难以忍受。此外，她根本不知道该如何与一个男人相处，因为在我看来她的所有行为始终都与粗鲁相连，尽管她的出发点是好的。卡耐基先生，我要为我的长远做打算。也许，在新婚的头几年我们还能相安无事。可是，一旦婚姻的新鲜感失去，那么有一个不懂得温柔的妻子陪在身旁将是一件非常痛苦的事。因此，为了不让我以后痛苦，我现在只得选择放弃。"

事后，我没有直接把罗兰先生的意思转达给那位女士，因为我怕伤了她的心。不过，我写了一张字条给那位女士，上面写道："用柔情结网是捕获男人心的最好方法。"

我不知道后来的结果怎样，但我想，如果那位女士按照我所说地去改变自己的话，相信她现在已经找到了属于自己的爱了。

田纳西州立大学心理学教授布拉德·卡莫尔曾经说："女人的温柔是最令男人无法抗拒的。在男人眼里，温柔的女士是最美丽、最迷人的。男人可以忍受女人自私、无礼、贪财、任性，但绝对不可能忍受女人不温柔。事实上，男人在寻找伴侣的时候，并不想给自己找一个领导、火药桶或是监工。他们希望自己的伴侣能够理解他们，关心他们，并且让他们的心理得到安慰，而这一切都是以温柔为基础的。"

杰希卡女士在一家公司做打字员。坦白说，杰希卡是一个外貌普通得不能再普通的女士了。然而，让任何人都想不到的是，追求杰希卡的男士非常多，其中不乏相貌英俊、事业有成的人。当我问她使用什么方法抓住男人的心的时候，杰希卡不好意思地说："我也不知道。我只是按照我的一贯作风去做的。"为了找到问题的答案，我调查了几位杰希卡的追求者，询问他们究竟喜欢杰希卡哪一点？答案果然和我想的一样，那几位追求者异口同声地告诉我："杰希卡太温柔了。"

那几位男士告诉我，他们和杰希卡在一起有一种非常舒服的感觉，那种感觉无法用言语来形容。杰希卡从来没大声和他们说过话，也很少抱怨或唠叨，更不会随便地因为某些事就和人发生争吵。在他们的印象中，杰希卡好像从来就没有发过脾气，更别说和某个人大打出手。在那些人眼中，杰希卡就是女神，就是他们一直梦寐以求的理想女性。

我想，女士们即使不想成为像杰希卡一样的大众情人，也不会不愿意让自己心仪的男人喜欢自己。那么，你们最好的选择就是学会温柔，用柔情结网。

保持独特魅力，让男人着迷

"潮流"大概是女士们最敏感的词语了。的确，我们身边不乏那些追赶潮流的人，特别是女性。当然，追赶潮流并不是一件错事，毕竟爱美之心人皆有之，更何况爱美还是女人的天性。然而，一些女士却是在毫无理智的情况下盲目追求潮流，结果不只弄得自己身心疲惫，而且还得不偿失。

女士们，我并非要剥夺你们爱美的权利，也不是要阻止你们去赢得男人的心。只不过，我看过太多实例，一些女士为了讨自己心仪的男人欢心，不惜花费大量的金钱和精力去追赶潮流。然而，潮流的变化似乎太快，还没等女士们反应过来就已经发生改变。

苏菲亚小姐是个时髦女郎，同时也是个痴情种子。为了让自己和男友的爱情永保"新鲜感"，她每月都会将自己薪水的绝大部分花在梳妆打扮上。女士们都知道，一些新款服装在刚上市的时候价格总是很贵的，所以很多精明的人总是会过段时间以后再买。可是苏菲亚不这么认为，她觉得等到所有人都可以穿上新款衣服的时候，那就不能体现出自己的魅力了。因此，每当一款新式的服装刚上市，苏菲亚就会毫不犹豫地把它买下来。因此，周围的人都开玩笑地说："有了苏菲亚在身旁，根本不用去买时装杂志就可以知道最近的潮流。"

本来，苏菲亚以为自己这样做一定会让男朋友更爱自己，可谁料想男朋友突然有一天提出要和她分手。同时，男朋友告诉她，自己已经爱上了另一位姑娘，而那个人就是苏菲亚的同事玛莎小姐。苏菲亚不能理解，不明白自己为什么会失败。事实上，那个玛莎可谓没有一点品位，一年四季几乎都是那套老掉牙的职业装。男朋友对她说："苏菲亚，事实上我从没有真正留心过你穿什么衣服。即使你穿的是最时髦的衣服，在我看来也没什么分别。相反，正是因为你不断地追求时髦，反而使我认为你是一个只知道花钱不知道赚钱的人，所以我只好选择放弃。"苏菲亚显然不服气，愤怒地说："即使这样，你也不应该选择玛莎啊？"男友摇了摇头说："你错了，苏菲亚。虽然玛莎总是穿着职业装，但在我看来却是魅力非凡。尽管她显得跟不上潮流，但她却始终都保持着自己一贯的风格和独特的魅力，也正是她这种职业女性的魅力征服了我。"

也许，直到现在苏菲亚也不知道自己输在哪里。她追求潮流没有错，但那也同样让她失去了自我。也就说，社会上流行什么她就是什么样子，而一旦不流行了她就改变样子。对于男人来说，恐怕没有一个人会喜欢这种"千面女郎"。相反，他们的心更容易跟着那些能够永远保持自己独特魅力的人走。

我不知道女士们是否明白了我的话，我想应该没有问题。我知道，每一位女士都想将自己最漂亮、最有魅力的一面展示给自己心仪的男子，这也是无可厚非的事情。然而，如果女士们不能保持住自己的一贯风格的话，那么男人们的心很快就会溜走。道理很简单，因为你没有什么地方真正让他痴迷。因此，女士们要想让男人为你着迷，那么最好的办法就是在穿衣打扮上保持自己的风格。

　　当然，我在这里也要提醒女士们。我劝女士们要保持自己的风格，并不是说女士们像玛莎那样一年四季只穿一种衣服。我的意思是，你们要根据自己的外形条件和内在气质来选择着装，将自己最有魅力的一面展示给男人，而不是随波逐流，盲目追求时尚潮流。

　　有些女士曾经对我说过："卡耐基先生，我是个普通得不能再普通的女人，我没有钱也没有精力去赶什么潮流，因此我就是你说的那种能够保持独特魅力的女人。可是，我从未发现过这种所谓的独特魅力会让哪个男人着迷。"如果女士们把独特魅力想得如此简单的话，那么就是大错特错了。事实上，女人的独特魅力不仅包括外表上的，同时还包括很多内在的东西。

　　娜沙新交了个男朋友，所以这段时间正沉浸在甜蜜的爱情之中。娜沙很看重这个新男朋友，的确，这位年轻的小伙子不仅仪表不俗而且还事业有成，是很多姑娘梦寐以求的未来伴侣。应该说，这位小伙子也很喜欢娜沙，因为娜沙性格温柔，颇有淑女风范。

　　有一次，娜沙和男朋友一起看了一场电影。回来以后，小伙子一直说电影中的女主角真不错，把一个泼辣果敢的女人塑造得活灵活现。娜沙听完之后，心中就以为自己的男朋友一定喜欢那个类型的女人。于是，她暗下决心改变自己。

然而，就在她改变的第三个月，男朋友提出和她分手，理由就是受不了她的泼辣。娜沙委屈地说，自己做所的一切都是为了他，因为他曾经说过喜欢电影里那种类型的女孩子。小伙子这时才知道了事情的原委，于是对娜沙说："你就是你自己，干吗要学别人？我说那个女主角不错，是因为她不过是虚构的一个人物。而你，娜沙，却是实实在在的。我当初之所以选择你，就是因为你的温柔，然而你却放弃了自己。对不起，现在的你我无法接受。"

相信在现实生活中，这种事情并不少。很多女士都对自己没有正确的认识，往往把羡慕的眼光投向别人。为了让自己充满"魅力"，她们不惜改变自己的外表、行为习惯乃至思维方式，极力模仿自己心中的偶像。然而，模仿毕竟是模仿，永远无法与最真实的气质流露相提并论。结果，这些女士不但失去了自我原本的魅力，而且也让心仪的男人开始疏远她们。

罗兰女士在一家大公司任行政总监。也许是工作上的原因，她总是给人一种高傲、不可亲近、冷冰冰的感觉。在罗兰看来，任何事都比不上工作重要，因此她也总是给人一种精明强干的感觉。

在很多女性的眼中，罗兰是一个典型的"怪物"，根本不会有任何人喜欢她。可是，事实却并非像女士们想的那样，夸张一点说，罗兰女士的追求者大有人在。很多男人都希望能够娶到这样一位妻子。

当问起那些男士为什么会对罗兰如此着迷的时候，他们回答说："尽管她冷若冰霜，而且还是个工作狂，但她永远都把最真实的一面展示出来。坦白说，正是她这种真实的展现才征服了我们。"

犹他州心理学专家唐·德里克曾经说："男人都有一种很奇怪的心理，那就是他们一方面希望女人为了他们而去改变自己，另一方面又希望女人能够坚持住自己的本色。不过，两者相比较起来，男人更希望认识的是女人的本来面貌。

女士们一定在想："卡耐基的观点是在自相矛盾，在前面他还极力劝说我们为了男人而改变自己。"的确，我现在依然不推翻我的观点。然而，我现在所说的独特魅力并不是一些不好的习惯和行为，而是真正能够散发出光芒的内在气质。

最后，我要重申一下保持自我魅力的重要性，希望女士们能够牢牢记住。

保持独特魅力的重要性

独特的魅力最吸引人；

男人都希望看到女人真实的一面；

独特魅力最令男人着迷。

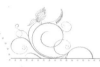

第五章

用心经营你的家庭

雄性化的女人失去了女性应有的温柔，失去了女人应有的魅力。女性气质的衰败是爱情和家庭的一大心理灾难。

——［苏］尤里·留利柯夫

珍惜丈夫的身体

有一本杂志上曾经刊登过这样一篇文章，据调查表明，在50多岁这个年龄段里，男性的死亡率要远远高于女性，而其中大多数男性又都是已婚的。最后，专家们进一步指出，这一切可怕的后果很大程度上是因为妻子的过失。

女士们可能认为这种说法太荒谬了，因为事实上你们是非常珍惜丈夫的身体的。为了让他有足够的精力去应对工作，女士们给丈夫准备了许许多多的美味食品，比如油炸食品、甜点或是其他一些高热量的食物。我承认，每位妻子都希望自己的丈夫能够吃得好一点，因为工作会消耗掉他们体内的很多能量。然而，正是妻子的这种"好心"却在一点点地谋杀着自己的丈夫。

有一次，美国科学促进协会在圣路易召开了一次会议，一位资深的教授说过这样一段话："战争是人类最可怕的灾难，人们对它的恐惧胜过了一切。然而，有一个事实却是非常可怕的，那就是实际上死于餐桌上的人要远远多于那些死于战场上的人。"

　　这位教授的话是很有见地的。细心的女士一定会发现，那些每天过着半饥半饱生活的劳工，他们的寿命竟然远远长于那些体重超常的丈夫们。《减肥与保持身材》的作者诺曼·焦福利博士在一次医学研讨会上说："在 20 世纪，美国公共卫生所面临的最大的问题就是肥胖，这是一件非常可怕的事情。"

　　女士们，你们是否清醒了？是否还想找各种理由对丈夫的腰围增长推卸责任呢？我们必须承认，丈夫们所吃的食物，很大一部分都是他们亲爱的太太亲手准备的，特别是那些烹饪手艺高超的妻子，她们丈夫的腰围更要粗一些。要知道，没有一个丈夫会拒绝妻子为他准备的精美食物，除非他做事从来都不近人情。就连人类的始祖亚当也曾经说："就是那个女人（指夏娃），她引诱了我，所以我就吃了下去。"

　　绝大多数男人在中年以后就很少进行运动了，这时他们体内所需的热量也就随之减少了。然而，在妻子的悉心照顾下，这些男人反而吃得更多了。作为一个妻子，你们有义务去维护丈夫的健康，使他养成一个良好的饮食习惯。

　　那么，究竟什么才是最好的食物呢？美国面粉协会的营养专家霍华德博士告诉我们："要想减肥，首先就要少吃脂肪含量过高的东西，每天根据个人体能消耗的情况来安排三餐，最好不要过量地吃。此外，一定要均衡植物性蛋白和动物性蛋白。"

我们可以这样理解博士的话，世界上最好的食物就是那些低热量却能产生高能量的东西。如果你还是不清楚自己到底该怎么做，那我就建议你去看医生，他会给你一个非常合理的建议的。

此外，妻子们还应该注意一点，那就是当你的丈夫用餐的时候，千万不要让他的精神处于紧张状态。我们经常看到这样的情形：闹钟响了以后，丈夫马上从床上爬起来，匆忙地跑下楼，几口把早餐咽下肚子，然后迅速跑出门去赶 7：58 分的班车，接下来是紧张的工作，然后是 15 分钟的快餐，接着又是紧张的工作。这就是现代人的生活。

如果真是这样的话，那么妻子完全可以采取一些措施。其实很简单，只要你每天早起一会儿，为你的丈夫准备好早餐，然后让他悠闲地享受完这顿早餐。这不是件困难的事，我的一位朋友就是这样做的，她就是劳拉·布里森夫人。

劳拉的丈夫是一家不动产代理公司的财务主任，每天都有忙不完的工作。布里森先生经常会在晚上带回一整公事包的文件，然而由于太过劳累，他经常不能在晚上将这些东西处理好。针对这种情况，劳拉给丈夫提了一个建议，让他每天晚上早一点休息，然后第二天早晨提前一小时起床。事实证明，这种做法是相当明智的。如今，布里森一家已经养成了"早睡早起"的习惯，而且不管布里森先生是不是有很多工作需要回家处理。

布里森太太对我说："我们每天都可以收到一份很好的礼物，那就是每天早上的那一个小时。这个礼物包括不慌不忙地享受一顿美味的早餐，还包括利用剩余的时间轻松地处理好丈夫手中的工作。这段时间的工作效率非常高，因为它是一天中最安静的时刻。没有人按门铃，也没人打电话，我们可以坐在一起静静地读书，也可以做一些其他的事情。我丈夫很喜欢画画，这在以前根本是不可能的。可现在，他经常会自己在画板上画一些东西。如果我们实在没有什么事可做，那就到公园里去散散步，呼吸一下新鲜的空气。"

　　布里森太太还说："你知道吗？戴尔！这一个小时对我们来说太重要了！从那以后，我们每天都可以享受一个舒适的早晨，而且不管这一整天会发生什么，我们都有足够的精力去应对。不过需要提醒的是，这个办法只适合那些有早睡习惯的人。"

　　如果女士们也是那些匆忙应对早晨的妻子，那么你们真应该听一听劳拉的劝告，也许会对你们有很大的好处。

　　女士们，相信你们一定认识到了珍惜丈夫身体的重要性。是的，如果想真正取得事业上的成功，健康的身体则是一切的前提条件。因为只有精力充沛的人才能面对加倍的工作。作为妻子，你们有必要也必须对丈夫的健康状况负责，就像一首专门写已婚男性的歌曲中所唱："我的生命是掌握在你的手中。"

让他有自己的爱好

　　我曾经不止一次地强调过，夫妻之间一定要有共同的目标和共同的爱好，因为这些是获得幸福婚姻的基础。然而，在这篇文章里，我却要提出与以前相矛盾的一种说法，那就是作为妻子，一定要让丈夫拥有属于他自己的爱好。

　　我曾经仔细阅读过《婚姻的艺术》这本书，里面有一段话给我的印象非常深刻，书上说："作为夫妻，两个人都必须做到能够互相尊重对方的爱好。这不仅是夫妻之间的一种礼仪，更是幸福婚姻的首要基础。这是一个很现实的问题，因为没有两个人会在思想、愿望以及意见上能够取得完全的一致。我们应该明白这种事是不可能发生的，当然也就不应该去奢望。"

　　女士们一定已经猜到了我想说的内容。的确，你们是应该让自己丈夫拥有一点私人空间。你们应该显得大度一点，让丈夫做一回任性的孩子，使他们可以按照自己的想法去做喜欢的事，尽管有时候你可能难以发现那些事的迷人之处。

　　在我和桃乐丝结婚以前，我就已经和赫马·科洛伊成为了一对非常要好的朋友。那时候，每当一有空闲，我们两个就会聚在一起，做一些我们彼此喜欢的事情。后来，我认识了桃乐丝，并和她结了婚，但我并不认为应该为此放弃这个乐趣。事实上，在我们一起生活的这 20 年时间里，我每个星期日的下午都会和赫马·科洛伊在一起。那真是件非常美妙的事情，我们或是一起在森林里悠闲地散步，或是去一家平日少有机会去的餐厅吃东西，或者干脆就在我家的庭院里聊天。不过，不管做什么，我们都会过上一个轻松愉快的下午。

有一次，我开玩笑似的和桃乐丝说："这 20 年来，每个星期日的下午我都不能陪你，难道你就从来没有抱怨过吗？"

桃乐丝回答说："开始的时候确实有这样的想法，但后来发现这很愚蠢。因为一个星期有 7 天，除了那天下午以外，你所有的时间都在陪着我，所以我不应该有什么抱怨的。况且，你们是在享受一种既轻松又自在的乐趣。我非常清楚，当你享受完这种乐趣以后，你会再一次回到我身边，或是投身于工作中。正是我的这种'纵容'，才使得你有足够的活力去面对新的一周。"

我真的要非常感谢我的妻子，因为她对我是如此的大度。有一次，我和赫马·科洛伊说起了这件事，没想到他居然和我有同样的感受。他告诉我，因为写作的需要，他曾经长期居住在加州的一所农场里。有一次，他的邻居威尔·勒吉斯先生提出想要买一把十分难看而且杀伤力很大的南非大刀。当时，勒吉斯太太不知道丈夫为什么要买这个危险的东西，而且认为自己有必要劝告他不要去买。因为勒吉斯太太认为，自己的丈夫极有可能只是心血来潮，说不定在买回来之后的第三天就不再去管它。

不过，勒吉斯太太还是很理智的，因为她最后决定要迁就丈夫。不光这样，她还特意亲自跑到了省城，为丈夫买回来了那把大刀。赫马清楚地记得，当时的勒吉斯先生就像一个收到圣诞礼物的小孩一样兴奋。

那么这把大刀到底对勒吉斯先生有没有用处呢？事实证明是有的。在他们的牧场里有一处杂草丛，他经常一个人带着大刀去那里清除杂草。这些都是次要的，最主要的是，每当勒吉斯先生遇到什么难题无法解决时，他总会悄悄地跑到那里去，发疯似的狂砍一阵。当他把心中所有的烦恼都发泄出来以后，那些棘手的难题往往也已经得到了解决。

赫马对我说，勒吉斯总是见人就说，他一生收到的最好的礼物就是妻子送他的那把大刀。是的，因为勒吉斯太太帮助了自己的丈夫。坦白说，勒吉斯太太在最初并没有意识到这东西能有如此大的意义，她之所以这么做，主要是因为她认为自己应该满足丈夫的要求。

女士们，相信这时你们已经非常清楚了，一种嗜好对于一个男人来说是非常有帮助的。勒吉斯先生的大刀已经证明了这一点，因为它帮助勒吉斯先生发泄了心中的烦闷情绪。

还有一点我必须告诉女士们，那就是如果让你的丈夫培养起一种嗜好，这不仅对丈夫非常有好处，而且对妻子也很有好处，这也是有事例证明的。

罗林·哈瑞斯夫人是我的一个远房亲戚，她的丈夫吉姆斯·哈瑞斯是一家石油公司的审计员。每当空闲下来的时候，吉姆斯总是拿起他的工具，或是把屋子装饰一番或是把那些旧家具修理一通。他的妻子从来没有抱怨过他做这些"无聊"的事，因为吉姆斯的手艺不亚于那些专业人士，而且这还能使他们的家庭变得愉快自然。

同时，吉姆斯还很喜欢小动物，总是想出各种办法来训练家里那只苏格兰小猎狗。虽然这只小狗的技巧与那些专业的马戏团小狗相比还差得远，但它却给周围的邻居带来了很多乐趣。对此，罗林感到非常的满意。

不过，在这里我必须提醒各位女士，我们可以让丈夫拥有自己的爱好，但这并不代表可以容忍他们"玩物丧志"。如果有一天你们发现自己的丈夫对那些所谓的爱好表现出的热情远远大于对职业的热情时，那么就应该马上警觉起来。因为这已经向你发出警告，有些事情已经偏离了固定的轨道。这些情况是在向你暗示，一定是某些地方出现问题了，使得你丈夫已经失去了对工作的兴趣。这时，作为妻子，你们不应该再继续纵容了，相反应该深入了解丈夫的情况，然后帮助他进行调整。这么做的原因很简单，妻子之所以让丈夫拥有自己的爱好，主要是为了对单调枯燥的生活进行调剂，从而消除他的紧张情绪。如果爱好没有成为生活的润滑剂反而变成毒药的话，那么它就失去了积极的意义。

有些时候，具有积极意义的爱好是有很大功效的，甚至于可以成为一个人的精神支柱。遗憾的是，很多女士，尤其是那些家庭主妇，并不十分看重男人的爱好，因为她们每天都有很多时间一个人独处，所以对男人这种无理、奇怪的要求很难理解。其实，这些女士们不明白，一个男人偶尔被妻子"抛弃"，这并不是一件可悲的事情。相反，男人们正好可以借此机会使自己得到一定的解脱，因为他们终于可以不受女人的约束和限制了。在这段时间里，他们可以完全地支配自己的时间，自由地享受一下生活。

女士们，任何一个丈夫都背负了很沉重的负担，他们总是想找机会从中解脱出来。如果女士们认识到这一点，愿意帮助他们培养一些属于自己的爱好，并给他们提供机会去享受这些爱好，那么你无疑是在给你的先生创造幸福，也无疑是在给你和你的家庭创造幸福。

高效率处理好家务

上星期天，我和妻子一同到马格丽·威尔逊女士的家中参加了一次自助晚宴。马格丽女士是个成功的女性，她所写的《怎样超越自己的平凡》和《变成理想中的女人》这两部书销路非常好。在女性眼中，马格丽完全代表了一种权威的形象和仪态。我承认，马格丽女士的确很出色，可以称得上是一名出色的模范人物。

那天晚上共有8位客人，除了我和我妻子以外，其他的都是政界人物。整个宴会非常成功，房间布置得很迷人，饭菜也非常可口，更难得的是马格丽女士一直都陪着我们，直到晚宴结束。我奇怪为什么马格丽女士在没有用人帮助的情况下，举行这样一场大的宴会居然没有丝毫劳累的迹象。出于好奇，我向马格丽询问了其中的奥秘。马格丽笑着说："瞧你说的，戴尔！这里其实根本没有什么秘密，所有的事情我都是采用最简捷的方法做出来的。"

原来，早在我们到达之前，马格丽就已经把鸡炸出来了。当我们品尝鸡尾酒的时候，仆人已经按照事前的吩咐把鸡放进了烤箱。美味的水果沙拉是用罐头做成的。青豆早在下午就煮好了，宴会开始后只需把它和蘑菇一起放进锅里就行了。当正餐快要结束的时候，仆人们就马上把冰激凌放在了事前拌好的水果上。

天啊，这一切看起来多么简单啊！我不得不说，马格丽是世界上最精明、最会处理家务的主妇了。然而，很遗憾的是，有一些家庭主妇做得却远远不够。在她们看来，请客是一件浪费时间的事，因为有很多东西需要准备，比如外形讲究的餐具、美味精致的食物以及能让客人满意的一些特殊配料。当客人们高兴地敲开大门时，迎接他们的是一个疲惫不堪的女主人。

可能有些女士不相信我的话，那我就再给女士们讲一个故事。"二战"结束后，我和我妻子曾经在欧洲待过一段时间。有一次，我们受邀去一位教授家里共进晚餐。上帝，那大概是我这辈子吃过的最痛苦的晚餐。

我们刚进家门的时候，只看到了那位教授。教授解释说，他的妻子十分看重这次晚宴，因此亲自下厨房，帮助佣人做菜。过了很长时间，我们总算见到了这位夫人。可是她一直都神色慌张，还没和我们说上两句就又回到厨房投入战斗。

宴会开始了，我承认所有的食物都非常美味，但我实在受不了这种氛围。当一道菜快要吃完的时候，女主人马上就会跑到厨房，帮助仆人准备下一道菜。我觉得我们是在进行一场战争，因为晚宴结束后我们每个人都长长出了一口气。我知道，这位夫人并不是故意的，只是她不知道怎么做才是最简便的而已。

其实这并不是什么很困难的事，如今人们已经发明出了很多非常神奇的东西，比如罐头食品、冷冻食物以及各种很方便的家用工具。美国的家庭主妇们完全可以把这些东西利用起来。人类一直都在向文明的方向发展，为什么女士们不能充分地利用这些文明的产物呢？事实上，这些东西真的可以让你省去很多时间和精力，而且效果也是很令人满意的。

我知道有些女士会说，那些罐头和冷冻食品不及自己亲手制作的食物美味。事实真是这样吗？我想并不一定。况且，恐怕任何一个丈夫都不愿意看到自己的妻子每天都累得筋疲力尽吧！试想，有谁不愿意每天都可以见到一个精神焕发的妻子呢？

美国一家研究所曾经开展过一项名为"节省行动"的研究，研究结果表明，很多家庭主妇都有一个非常严重的缺点，那就是无法高效率地处理家务。的确，女士们不妨反省一下，你们是不是经常用10个步骤去完成一项只需5个步骤的工作？是不是经常会用6个动作来完成只需3个动作的工作？是的，很多女士都是这样做的，因为她们不明白，最简捷、最快速的办法其实就是最好的办法。举一个简单的例子，做早餐是妻子一项必不可少的工作。在整个过程中，你们是一次就把所有需要的东西从冰箱中拿出来呢？还是要往返几次来完成这项工作？我想，第一种做法无疑会给你节省很多时间和精力。

至于说整理房间，同样也有很多好的办法来节省时间。你可以在家中很多角落里放上清洁所需的海绵和抹布，当然前提是不影响美观。比如，你完全可以在浴室里放上一块海绵，因为这样你就可以随时擦洗你的浴缸。这种方法远比那种平日不清扫，然后在星期天来一次集中大扫除的做法省力得多。如果你平时做了清洁工作，那么你就不会在一个星期的前六天里为星期天干不完的家务而烦恼了。

应该说，我妻子也是一个处理家务的好手。当我们可爱的孩子还很小的时候，家里已经没有地方可以摆放一个婴儿用的浴盆了。于是，我妻子就想了一个办法，把浴室的盥洗台当成了浴盆。她后来发现，这种做法十分累人，因为她每次都要弯着腰。因此，我妻子就把浴盆的位置改到了厨房的水槽。这个方法太妙了，因为水槽是一个既宽敞又可以保持卫生的地方。

当然，我们不能忽略那些还需要工作的女士，因为她们没有那么充裕的时间处理家务。对于她们来说，完全可以在头天晚上收拾餐具的时候把第二天所需要的东西准备出来。这样一来，第二天早上的早餐工作就不至于那么紧张了。

其实，生活中的技巧就在身边，只要你肯留心，那么你一定会找出一种适合你的且高效率地处理家务的工作方法。这样的话，你就可以不去浪费一些时间，而你又可以利用这些时间去帮助丈夫完成他的事业。

喋喋不休是幸福婚姻的禁忌

　　前不久，一位老朋友的儿子找到我，希望我能够帮助他摆脱现在的困境。坦白说，这是一位非常不错的年轻人，二十几岁，在一家广告公司工作，拥有一份不错的薪水。我知道，在这一行工作竞争是非常激烈的，而且压力也很大。年轻人告诉我，他现在非常需要妻子给他安慰和爱心，好让他能够有足够的勇气面对一切。他的太太是很积极地帮助他，不过却是以喋喋不休的唠叨为前提的。

　　年轻人受不了了，因为在他太太无休止的嘲笑和指责下，他已经失去了振奋的勇气。他跟我说，其他的事情都不是问题，最让他难以忍受的是，他妻子已经用喋喋不休逐渐磨平了他的信心。最后，他丢掉了这份工作。接着，他又向妻子提出了离婚。

　　我真的不愿意看到这场悲剧性的婚姻，但它确实发生了。女士们，不知道你们对此有何看法，但我要告诉你的是，作为一名太太，你对丈夫无休止地、喋喋不休地唠叨，就好像是不起眼的水滴，正在一点点地侵蚀着幸福的石头，我把它称为最高明的杀人不见血的方法。

女士们，你们必须牢记一点，地狱的魔鬼一直都仇视世上所有美好的东西。为了毁灭一切幸福，他们经常把无情的大火抛向人间，其中最邪恶、最阴险、对爱情最有杀伤力的就是喋喋不休。它无色无味，而且还很不起眼，可是却比美杜莎的鲜血还要毒。一旦它侵入你的家庭生活，那么你就永远与幸福无缘。

女士们，我并不是在这里危言耸听，因为与奢侈、浪费、懒惰、不忠等行为比起来，喋喋不休的唠叨给家庭带来的痛苦更深。也许女士们认为我这么说是没有凭据的，那么就请你们听一听专家的建议吧！

莱维斯·托莫博士是著名的心理学家。他曾经展开过一次调查，让1000名已婚的男士写出他们心里认为妻子最糟糕的缺点。调查的结果让人大吃一惊，因为几乎所有的人都在第一项写下了"唠叨"这个词。博士对我说："一个男人婚后的生活能不能幸福，完全取决于他太太的脾气和性情。即使他的太太拥有人类所有的美德，可她只要拥有了喋喋不休这一项缺点，那么一切美德也就等于是零。"

为了能够得到更加明确的答案，我请托莫博士给我列举了喋喋不休的几条危害，现在我再把它们告诉给女士们。

喋喋不休的危害

使丈夫失去斗志；

让丈夫对你产生厌烦；

毁掉丈夫对你的爱情；

吞噬你的幸福婚姻。

女士们，你们相信托莫博士说的吗？我相信，因为我知道有个人就是受不了妻子的唠叨而离家出走，最后悲惨地死在了外面。其实，这个人很多女士也熟悉，他就是大文豪托尔斯泰。

按理说，托尔斯泰夫妇应该每天都享受着生活的快乐。是的，托尔斯泰的两部巨著在世界文学史上都闪烁着耀眼的光芒。他的名望非常大，他的追随者数以千万计，财产、地位、荣誉，这些东西他都已经拥有了，而它们也都为美满幸福的婚姻奠定了基础。的确，在开始的时间里，托尔斯泰和夫人度过了一段非常幸福和甜蜜的生活，直到那件事的发生。

由于一些未知的原因，托尔斯泰的性情发生了很大改变。他开始视金钱如粪土，把自己所有的伟大著作都看成是一种羞辱。他放弃了写小说，开始专心写小册子。他开始亲自做各种各样的活，尝试着过普通人的生活，而且还居然努力去爱自己的敌人。

托尔斯泰的突然改变给自己制造了悲剧，因为他的妻子不能容忍他的这种变化。这位夫人喜欢奢侈的生活，渴望名誉、地位和权力，喜欢金钱和珠宝。然而，这一切，托尔斯泰都不能再给她了。因此，她开始喋喋不休地唠叨、吵闹，甚至当得知托尔斯泰要放弃书籍的出版权时，她居然把鸦片放在嘴里，威胁要自杀。

就这样，美好的婚姻被喋喋不休摧毁了。在托尔斯泰82岁那年，他再也忍受不了妻子的唠叨了。1910年10月，那是一个下着大雪的夜晚，托尔斯泰偷偷从妻子身边逃了出来。一位可怜的老人在寒冷的黑暗中漫无目的地走着，11天后，这位世界文学巨匠患上了肺病，死在了一个车站上。当车站人员问起老人最后的愿望时，托尔斯泰回答说："请不要让我再见到我的妻子。"

托尔斯泰夫人终于为她的喋喋不休付出了代价，不过在最后她也明白了一切。临死前，她对孩子们说："是我，是我，真的是我，是我害死了你们的父亲。"很可惜，托尔斯泰夫人明白得有些迟了。

事实上，很多名人虽然有着骄人的成绩，但却依然不能摆脱忍受妻子唠叨的痛苦，比如法国皇帝拿破仑三世，我的偶像亚伯拉罕·林肯，还有那个躲在雅典树下沉思的苏格拉底。

我知道，女士们之所以会唠叨，无非是想以这种方式来改变自己的丈夫，希望自己的丈夫能够变成自己想要的那种人。可事实呢？古往今来，好像还没有一位妻子真的通过唠叨达到了自己的目的，相反她们给自己换来的都是苦果。

　　我承认，任何一对夫妻在婚后都会有争吵，这是一个很正常的现象。应该说，大多数心理健全的男士都可以忍受与妻子发生的一般性的争执，而且不会让彼此之间的感情出现裂痕。可是，如果一个男人每天都承受着无休止的、一刻不停的、喋喋不休的唠叨所产生的压力的话，那么他的进取心就会慢慢丧失。不管一个男人在事业上多么成功，只要他每天都必须面对一位唠叨的太太，那么他的事业就一定会逐渐走下坡路。

教育子女责无旁贷

在我 63 岁的时候，我的小朵娜·戴尔·卡耐基来到了我和桃乐丝的身边。我清楚地记得，当时我很兴奋，在我走进协同教会的教堂时，大声对自己说："恭喜我吧！我的妻子生了个小孩，而我已经有 63 岁了。"我想，任何一位初为人母的女士都会和我有一样的感觉，因为我们都看到了自己与爱人爱情的结晶。

在我还是个孩子的时候，和很多人一样，对父母的很多做法都不理解，不明白他们为什么要那么严厉地对待我们。后来，当我成为父亲以后，我才真正明白他们的良苦用心。其实，他们如此辛劳地抚养教育自己的后代，就是为了履行他们的天职，那是上帝赐予的。

当一对恋人相爱以后，他们最终会一起走进婚姻的殿堂，而且还必将会在不久的将来产生爱情的结晶。一个新生的婴儿并不仅仅代表了一个新生命的诞生，同时也是你们爱情的见证，还代表了你们的希望。正因为这样，抚养和教育孩子才成为了夫妻双方义不容辞的责任和义务。特别对于一位母亲来说，给孩子创造出一个最良好的成长空间，给孩子你的关爱，并在点点滴滴中关注他的成长，使他成为一个虽然不见得优秀但一定很健康快乐的孩子，并且能够给社会做出贡献的人。那么，作为一个女人，作为一位母亲，你就已经取得了最大的成功。

桃乐丝曾经跟我说："母亲是世界上最伟大的人，而养育孩子则是母亲与生俱来的职责。"的确，任何人对个人、家庭以及社会所做出的贡献都不如母亲大，因为她们为社会培养了新的生命。对于任何一个母亲来说，教育和培养孩子既是她们的权利，也是她们的义务。

社会学家卢卡尔·帕门德曾经在一次演讲中说过："教育子女是母亲必须要履行的义务，同时也是能给母亲带来最高荣誉的事情。应该说，所有的母亲都会把自己的爱全部奉献给子女，而且这种奉献是无私的。如果一个家庭只有两块面包的话，那么母亲一定会把一块留给自己的丈夫，另一块留给自己的孩子。"

的确，母性是世界上最伟大的，也是最能彰显人性的。一个女人可能自私、自利、吝啬、贪婪，甚至邪恶、狠毒，但她绝不会虐待自己的孩子。对于她们来说，孩子甚至比自己的生命都要宝贵。然而，每一个母亲的权利和义务都是通过两方面来体现的：一方面是抚养，另一方面是教育。事实上，有很多女士都把主要精力放在了抚养孩子这一面上，从而忽略了教育孩子的重要性。

青少年家庭董事会秘书华兹先生曾经在一次讨论会上说："青少年缺少家庭的教育，特别是来自母亲的正确教育，是导致他们犯罪的主要原因之一。"

我曾经和桃乐丝一起去俄克拉荷马州的一家联邦少年教养所，在那里碰到了很多因为没有得到良好教育而走上犯罪道路的少年。一位少年曾经说，他给母亲写过很多信，告诉她自己在这里学了很多课程，并且已经把自己的外表改变得好了许多。然而，他的母亲却回信说，让他不要再自我陶醉于那些无聊的事情，这个世界上没有比监狱更适合他的地方了，因为只有在那里他才能受到管教。

难道说这位少年天生就是一个恶棍，就注定要到监狱里去受刑吗？不，这一切都和他母亲的教育有着很深的关系。少年告诉我，在他很小的时候，母亲就教他如何趁别人不注意而偷偷拿走别人的东西。在 10 岁那年，他由于好奇而学会了抽烟。当她母亲发现这一情况以后，非但没有制止他，反而高兴地说："看看，我的孩子已经像一个男子汉了。"上学以后，他经常和班上的孩子打架，可母亲从来没有因此而责怪他。当父亲告诉他，打架是一种很不好的行为时，母亲却在旁边说："不要你这个废物教儿子，儿子有勇气和别人打架，总要好过你这个老是被人欺负的窝囊废。"就这样，这位少年一点点地变化，到后来居然到了拦路抢劫的地步。最后，少年为自己的行为付出了代价，来到了这个教养所。我想，如果当时那位母亲能够正确地教育孩子的话，相信这位少年现在一定生活得非常快乐。

美国青少年犯罪研究专家迪勒斯·卡布克说："大多数青少年犯罪者都缺乏良好的家庭教育，这和他们的母亲有着重要的关系。据调查，如果母亲是个吸毒者，那么他们的孩子要远比那些非吸毒者孩子染上毒瘾的概率大得多。如果母亲疏于管教，那么这些孩子将非常容易走入歧途。此外，我曾经对 500 个来自单亲家庭的孩子进行过调查，发现失去母亲一方的孩子很容易沾染上各种恶习。因此，我一直都强调，教育子女是母亲责无旁贷的事情。"

可能有的女士会说："这不公平，教育孩子应该是夫妻双方的事情，凭什么把所有的责任全都推到母亲身上？难道做父亲的就没有教育子女的责任吗？"是的，父亲同样也有教育子女的责任，但那不是我们现在要解决的问题。此外，与父亲比起来，母亲有很多的优势，所以能够更好地教育孩子。

我们经常会听说某个男人为了自己享受而抛弃了妻子和孩子，却很少听说有女人会轻易地抛弃自己的孩子。东方的中国有句老话："老虎虽然狠毒但也不会吃掉自己的幼崽。"我觉得很有道理，与男人比起来，女人更疼爱自己的孩子。这并不是说女人天生就比男人善良，而是因为每一个女人都有天生的母性。

其次，我想每位女士都不得不承认，孩子与母亲在一起的时间要远远长于男人。这样一来，对孩子影响最深的莫过于母亲。曾经有人做过一项很有趣的实验，对 100 对母子做了调查，发现他们之间有着惊人的相似之处。比如，母亲常把"听我说"作为口头禅，那么她的孩子也总会把那句话挂在嘴边；母亲总是习惯在紧张的时候挠头，那么她的孩子十有八九也有这样的习惯；如果母亲是个小偷，那么她的孩子也会在那一区"小有名气"……可见，母亲对孩子的影响是非常大的，而这一切主要是因为母亲与孩子相处的时间比较长。试想一下，一位母亲在不经意的情况下都能对孩子产生如此大的影响，更别说是有目的地进行教育了。因此，我说母亲比父亲更有优势。

最后，由于生理和心理上的特点，女性与男性相比较心思更加细腻，这对于教育孩子来说是非常重要的。孩子由于心智不成熟，所以很难对所遇到的事情做出正确的判断，这就需要父母耐心地教育和开导。然而，大多数男人都没有很好的耐性，总是在尝试几次后就选择放弃。而女性则更容易接受眼前的现状，并且不厌其烦地对孩子进行教育。此外，在孩子心理尚未成熟的时候，如果没有人能够耐心地对他进行教育的话，那么很容易让他对事物有错误的认识。因此，与男人比起来，女人在教育孩子方面优势更强。

我敢肯定，此时很多女士都会感到很激动而且很自豪，一定会说："我同意你所说的，卡耐基，从现在开始，我要挑起教育孩子的担子。"有这种想法是好的，可女士们打算怎么教育孩子？难道像上面那位少年的母亲那样？我想，没有一位女士希望看到那种情况发生。因此，女士们除了有热情外，还要用理智的头脑去看待教育。

教育孩子应遵守的 5 项原则

提高自身的修养和素质；

不要对孩子过分严厉；

千万不要纵容孩子；

永远不要体罚孩子；

给孩子足够的关怀。

做应对情感风波的高手

如果女士们觉得现在的家庭生活不够幸福美满，那么你们就应该好好看看这一章所有的内容，因为其中的很多观点和方法都会给女士们提供很大的帮助。如果女士们因为各种原因而使得自己即将或已经面临情感风波，那么就请你们好好阅读一下这篇文章，因为它能帮助你们成为应对情感风波的高手。

我想，没有一位女士会希望在自己的婚姻中出现情感风波，因为那意味着你们的婚姻很可能就要走到尽头。因此，女士们首先要做的就是练就一双慧眼，能够让自己在最早的时间里发现婚姻中的情感问题，从而做到防患于未然。

洛克先生最近很奇怪，好像变了一个人似的。以前，他是个不拘小节、邋里邋遢的人，可最近突然开始注意起自己的仪表来。过去，在妻子波丽三番五次地催促下，他才会考虑是不是有必要换衬衣，而如今却是很自觉地两天换一次。不光这样，每天早上，洛克先生还会精心打扮自己一番，连皮鞋也擦得很亮。面对这一切，波丽并没有感到有什么不对，反而称赞丈夫说："看，我的洛克终于变成一位绅士了。"

然而，正当波丽暗自为丈夫的改变感到高兴的时候，洛克却突然提出要和她离婚，因为他要和另一位名叫玛丽的年轻女士结婚。直到这时波丽才明白，原来自己丈夫前一段时间奇怪的举动都是情感风波来临的预告。

大概3个月前，洛克先生的工作似乎突然忙了起来，下班的时间一天比一天晚，而且还经常会在休息日加班。不光这样，洛克先生还会把工作带回家来做，因为他晚上经常会偷偷一个人在另一间房间里接"公司"打来的电话。可能是工作忙，应酬也就多了起来，所以洛克先生的钱包总是会在很短时间内变得空空如也。

面对这一切，波丽女士很担心，因为她怕自己的丈夫不能安心工作。因此，她容忍了丈夫对她的挑剔，也原谅了丈夫对她的不耐烦。波丽心里明白，那是因为丈夫的工作压力很大。此外，虽然波丽和丈夫已经3个月没有过性生活了，但她却从来没有主动要求过，因为她知道自己的丈夫太累了。

直到现在波丽才真正明白，自己丈夫发生那些变化并不是在忙工作，而是在忙着和他的情人约会。可是，现在已经太晚了，因为洛克先生已经下定决心和波丽离婚了，一切都已经变得不可挽回了。相信，如果波丽女士能够早一点对丈夫这种"出轨行为"有所察觉并采取相应措施的话，恐怕结果未必是现在这样。因此，我再一次和女士们强调，能够及早发现丈夫的"出轨行为"，是一件非常重要的事情。

女士们，早在你们开始自己的婚姻生活之前就应该考虑到，婚姻同样是要面临挑战和竞争的。一个真正聪明的女人是从来不怕竞争的，也不会轻易认输。最重要的是，她们懂得如何进行竞争。实际上，这种紧盯丈夫行踪的方法是最拙劣、最愚蠢、最没有效果的方法。同时，妻子妄图通过大吵大闹或是威胁的手段来迫使丈夫回心转意，这无疑是错上加错。

那么，女士们在遇到情感风波的时候究竟该如何做呢？我认为，女士们首先要做的就是反省自己。大多数女士在遇到这种问题的时候，总是会把所有的责任全都推给自己的丈夫。在她们看来，丈夫不管出于什么理由，不忠于自己的妻子永远都是不可原谅的。然而，美国婚姻与家庭关系研究协会曾经对500名有过出轨行为的男士进行调查，发现其中只有五分之一的人是因为"好色""花心"等原因，剩下的人则都是因为他们的妻子不能使他们获得家庭的温暖。因此，女士们在责怪、抱怨之前，不妨认真想一想，究竟是不是自己这方面出现了问题，唠叨、抱怨、无礼、喋喋不休等缺点是不是在你身上都有体现。如果是，那么女士们就马上改正，因为这才是拉回丈夫心的最好办法。

在改正完自己身上的缺点以后，女士们就应该采取一些方法来"控制"自己的丈夫。不过，千万不要采用上面的那些方法，因为那只会让事情越来越糟。其实，一个真正懂得处理婚姻风波的高手十分善于利用"欲擒故纵"技巧，即使到最紧张的关头也不例外。事实上，女人能够将丈夫留在自己身边是因为丈夫对她们的爱，而并不是丈夫对她们的怕。

有句俗语叫"距离产生美"，也许就是因为你和丈夫之间的距离太近了，所以才导致丈夫对你产生了厌烦感，从而使得他想到外面寻求刺激。因此，女士们不妨找一些自己喜欢做的事或是去参加工作，这样一来就可以使自己与丈夫拉开一定距离，从而不会让丈夫那么快就有了厌倦感。此外，两个人在一起时间长了很容易失去美感，因此女士们要随时随地注意自己的打扮，要让你的丈夫眼花缭乱，从而不会想着去外面拈花惹草。

最后一点，留住丈夫心的最有力的两件武器，一是对家庭的责任感，二就是对你的爱。我们先说第一点，孩子无疑是整个家庭的希望，因此抚养孩子是夫妻双方的重要责任。如果女士们能够用孩子来唤起丈夫的责任感，那么相信他们一定会乐意回到家中。当然，利用孩子还多少有些"胁迫"的味道，而用你的爱唤起他的爱则是完全真心实意的。我想，每一对夫妻都曾经有过最美好的恋爱时光，用这些事情勾起男人对你的爱无疑是一种最佳方法。

学会家庭理财这一课

如果女士们能够有计划地控制家庭的花费，那么你们就完全可以把享受家庭收入的权力控持在你自己的手中。

女士们必须搞清楚一件事，预算日常开支并不是给自己平添一些束缚，更不代表毫无意义地对你所花的每一分钱做一本流水账。这种做法实际上是一种目的性很强的规划，是为了促使你的家庭可以最有效地利用你的收入。我敢保证，如果女士们真正理解如何进行家庭预算，那么你们就完全可以实现既定目标，比如让自己的家庭生活富裕、使自己的养老有所保证、很好地解决孩子的教育费用或是实现你梦想中的外出旅游。一份成功的家庭预算将会告诉你很多信息，比如有哪些没必要的地方可以删减，以便补充其他一些必要的开支。

因此，妻子帮助丈夫取得成功的一个很重要的方法就是明白该如何使丈夫的收入得到最大的利用。如果女士们以前从没有做过家庭预算，那么你们现在真的应该补上这一课。

如果女士们想通过本书学会如何进行家庭理财，那么就请看一看我的一些建议，也许能够给你们提供一些帮助。

如何进行家庭理财

记录下日常的每一笔开销，这样会让你清楚自己对收入的使用情况；

分析出自己的家庭情况，然后制订一个合适的开支计划；

不管发生什么事情，都要将收入的 10% 储存起来；

手中预备一些钱，因为你要应对不时之需；

让全家都参与执行你的收支计划；

对社会上的各种保险有所了解。

第一点是很重要的，因为只有我们明白错在哪里，才能知道如何改善我们现在的状况。试想一下，如果作为一名家庭理财者，你根本不知道到底哪里应该删减、哪里需要增加的话，那么想要节省恐怕真的是一件非常不容易的事。因此，在准备进行预算的最开始，女士们可以尝试着把家庭所有的开支都记录下来，时间不妨设定为 3 个月。

这种方法非常有效。曾经有一对夫妇对自己的家庭生活开支进行了详细的记录后发现，他们每个月竟然要花费掉 70 美元买酒，而他们两个谁都不是酒徒。最后，他们终于找到了原因，那就是虽然这对夫妇不喜欢喝酒，但是他们的朋友喜欢。这对夫妇很好客，经常会邀请一些朋友到家中聚会，当然这时候难免要来上一杯。从那以后，这对夫妇明智地做出了决定，以后不再把自己的家当成不定期开放的免费酒吧了。这样一来，他们每个月就有70美元去做他们喜欢做的事情了。

那么，究竟怎样制订预算计划呢？我可以教给女士们一些方法。首先你们要列出这一年中的必需开支，比如房租、食物、水电费、煤气费、保险金等。接下来，你们再开始计划其他一些必要的开销，比如医药费、交通费、电话费和交际费等。

在进行所有计划之前，女士们还有一项工作必须去做，那就是征得全家人的支持，因为预算计划毕竟是需要所有人来执行的。即使是生活在一起，每个人对钱的态度也是不尽相同的，这就需要女士们有很好的协调能力，因为如果一家人由于对钱的态度不同而产生摩擦的话，那么一切就得不偿失了。

最后我要奉劝女士们的是，保险公司并不是一个只会骗取你钱财的机构，实际上它对你和你的家庭有着非常重要的意义。一旦家庭出现什么变故，你至少不会因为无助而感到苦恼，因为你后面有保险公司对你负责。

请相信我，如果女士们真的学会了如何合理地、高明地安排和处理家庭收入，那么你们就给丈夫解决了后顾之忧。应该说，这也是建立幸福美满家庭的一项很重要的事情。

第六章

让工作成为一种享受

友善的言行，得体的举止，优雅的气质，这些都是走进他人心灵的通行证。

——［英］塞缪尔·斯迈尔斯

心中要有目标

　　女士们，既然你们参加了工作，那么你们就一定都想获得成功。然而，很多女士却是处于这样的状态：她们每天都对自己说："我要成功，我要成功，我一定要成功……"的确，她们有对成功的渴望，这是必不可少的激情。不过，我敢保证，像这样的女士是不会取得成功的，因为她们根本不知道自己成功的目标究竟是什么。

　　生命的存在是离不开阳光、水分和空气的。同理，成功的产生也是与目标分不开的。对于事业上的成功来说，女士们的过去和现在是什么样的情况都不重要，因为成功要的是将来，那样的追求才是最重要的、最有价值的。

　　很多年前，我曾经采访过洛克菲勒。其间，他给我讲了一个非常有趣的假设。洛克菲勒说："卡耐基先生，这个世界是很奇妙的，有时候我宁愿相信一些事情是注定的。假如我们现在有能力把全世界的财产都集中在一起，然后再平均地分配给每一个人，使所有人都拥有同等财富的话，那么一个小时之后，那些拥有同等资产的人的经济状况就会发生很大的变化。我说的是真的，这其中，有人会因为赌钱而输个精光；有人则又因为无计划的投资而血本无归；有人则被他人欺骗而破产。此外，还有的人只满足于坐吃山空。当然，他们迟早也会步前面那些人的后尘。是的，这样一来财富又重新开始分配了。有少部分人又一次变成了有钱人，而且他们手中的钱还越来越多。事实上，时间越长这种差距就越大。如果过了3个月，那么经济学家口中所谓的贫富差距将大得惊人。"

我是个喜欢刨根问底的人，因此就追问他，如果时间拖得再长会是什么样的结果。洛克菲勒想了想，然后很自信地说："我敢保证，如果再过两年时间，那么整个世界的财富分配情况又会和分配前的状况一模一样了。有钱的依然是为数不多的那些人，没钱的则还是大多数人。"

"那么你认为是什么原因导致这种现象产生的呢？"我依然穷追猛打，想得到问题最终的答案。洛克菲勒笑着说："你把这种现象归咎于命运也好，机会也好或是所谓的自然法则也罢，但你不能否认这一切都是因为目标不同而导致的。那些有目标并用行动去实现的人，一定会让自己受到更多的尊敬，因此他所拥有的财富也会越来越多。"

的确，我赞成洛克菲勒的说法。一个奋斗者，也包括各位工作着的女士，如果你们想要获得成功，那么最重要的因素就是选择适合自己的目标，并且果断、坚定地做出抉择。

有些女士会说，卡耐基未免太过乐观了，难道有目标就一定会成功吗？同样有目标的人，有的人获得了成功，有的人却没有成功。同样是成功，有的人获得大成功，有的人获得小成功。对于这一切，你又怎么解释呢？

其实，女士们说的这一切都是客观存在的事实，但这并不能否定目标的作用。事实上，造成这种差距出现的主要原因是个人的目标在大小上有着很大的差别。大的目标对于人来说是一种对事业的追求，而小的目标对人来说则仅仅是满足于普通的生活。借用亚里士多德的话来说，人们首先要明白的是：吃饭是为了活着，还是活着是为了吃饭。

因此，女士们，如果你们想要取得成功，那么心中就必须拥有大的目标。所谓大目标，就是指要做意义和价值比较大的事，同时考虑更多的人和更多的事。它要求人最大范围地解决问题，并在最大的空间和时间里产生重大影响。

事实上，很多人正是因为心中有了目标，所以才最终获得成功的。相信女士们一定还记得"A世界"农产品公司的董事长沙娜·马科瑞斯，她可是美国少有的女性商业家。在接受采访的时候，她坦然承认，自己的成功主要归功于订立了远大的目标并且努力去完成。

一直以来，任何人都无法对农产品市场的状况做出正确估计，因此所有人都认为这一行只能是靠天吃饭。然而，沙娜却有不同的看法，她给自己订下了一个目标：一定要研发出一种新的农产品品种，从而直接影响消费者的购买行为。

当然，沙娜制定这个目标并不是头脑发热，实际上她是有充足的理由的。沙娜心里非常清楚，其实农产品和其他行业在本质上并没有多大的区别。当市场处于比较低迷的时候，只要你有了独特的产品，还是可以站稳脚跟的。相反，当别人卖番茄、马铃薯的时候，你也跟着卖，那么整个市场势必就会出现供大于求的状况。这样一来，你还想获利？那简直是一件不可能的事。正基于此，沙娜才将目标定位于调整市场，依靠产品的独特性来打开市场，从而给自己创造更多的机会。

最后，沙娜女士想到了改良甜椒。因为如果能够培育出一种从外形到风味都很独特的新品种的话，那么无论是在零售市场还是在批发商店，一定都可以卖得非常不错。就这样，一种名为"皇家红甜椒"的新品种诞生了。这种长形叶式的甜椒刚刚上市就取得了成功，而沙娜女士也实现了自己预先制定的目标。

女士们，你们一旦有了梦想中的目标，那么就势必会为了实现它而努力奋斗。在这个实现目标的过程中，你们可以体会到无穷无尽的人生乐趣，由此你们每一天的生活也会变得充满激情。

事实上，如果女士们能够养成制订个人成功计划的习惯，那么你们实际上就已经和过去浑浑噩噩、平凡度日的你有了本质上的区别。当你为自己的事业和人生制订出一个个的成功计划，并通过努力去实现它们的时候，不管是不是已经取得了最大的成功，你都会惊奇地发现，自己已经不再是那个平平淡淡的人了。这时的你已经取得了过去未曾想到的成就。女士们，你们看到了吗？这就是制定目标的威力，当然前提条件是已经将目标付诸行动。

约翰·扎普曼曾经说过："所有的人都十分景仰那些目标远大的人，任何人都无法与他们相比。历史上有很多人都给我们留下宝贵的财富，比如贝多芬、达·芬奇以及莎士比亚。人们之所以会对这些人充满热爱，并不是因为他们只是制作一些东西，而是因为他们一直在创造性地发现。"的确，这就是目标的魅力和威力。它能给人带来创造的灵感，从而使人取得非凡的成就。

全美家庭保健协会的主席沃克医生曾经对十几名百岁以上的老人进行调查研究。当结果出来以后，沃克医生发给每一位协会成员一个问卷，让他们在上面写出这些百岁老人的共同特点。很多医生都选择了诸如健康的饮食、合理的运动、戒烟少酒等内容。然而，当沃克医生公布答案的时候，所有人都大吃了一惊。原来，这些人长寿的原因其实和饮食、运动没有什么大的关系，他们的共同特点原来都是有一种对未来的期待，那就是人生的目标。

当然，我并不是告诉女士们，只要你们的心中有了目标，就一定可以长寿，但是目标能够增加你成功的机会这一点却是无疑的。如果女士们一生都是漫无目的地度过，那么你们最终也将一事无成。美国著名的商业家毕尼斯曾经说过："如果你给我一个心中拥有目标的普通员工，那么我就有信心把他塑造成一个可以改写历史的人。假如你给我一个心中没有目标的员工，那么我只能把他培养成一个合格的员工。"

毕尼斯其实是在告诉我们，目标对于一个组织和团体来说同样是必不可少的，对于组织和团体内的每一个人来说也同样是很重要的。女士们不妨细心观察一下，凡是那些运作上有问题的企业，往往最常见的问题就是他们的员工没有热情。我们不能说这些人不敬业，因为他们每天也都按时、按量地完成属于自己的工作。不过可惜他们没有目标，因此他们也就不会有热情。

相反，如果一个组织里每一个成员心中都有一个目标的话，那么大家就一定会士气高涨。这是因为目标使这些人心中的想法变得更加具体了，也更加容易实现了。所有人都明确地知道自己要做什么，因此做起事来自然心中有数。

对于个人来说，目标不仅为你的将来设计好了蓝图，更让你拥有了把握现在的力量。希拉尔·贝洛克曾经说过："人人都为自己的未来编织过一个美好的梦境，而如果你时时为这个梦感到后悔的话，那么你手中仅有的现在也将悄悄溜走。"如果女士们能够把精力全部集中在当前手上的工作，且心中明确地知道自己现在所有的努力都是为将来的目标铺路的话，那么你就一定可以获得成功。

最后，让我们以道格拉斯·列顿的话来结束这篇文章："当你决定了你的人生追求是什么之后，那么你就已经为你的人生作出了最重大的选择。如果你想实现你的愿望，那么你首先要搞清楚的就是你的愿望到底是什么。"

高情商女人容易赢得成功

如果我问女士们，什么样的人最容易赢得成功？相信很多女士会回答说，那些拥有高智商的人容易赢得成功。的确，拥有高智商确实可以让女士们在成功的道路上少走许多弯路，然而坚持、自信、努力、抓住机遇等却是决定一个人是否能够成功的关键，而这一切又都是由一个人的情商控制的。事实上，真正能够取得成功的人并不一定是那些拥有高智商的人，但一定是那些具有高情商的人。那么，高情商的女人究竟为什么会赢得成功呢？主要是因为她们具备以下的素质。

高情商女人具备的素质

明白行动的重要性；

具有坚持不懈的精神；

愿意为成功付出努力；

能够抓住眼前的机遇；

拥有积极的心态；

妥善地处理与别人的关系。

有些女士在工作的时候非常情绪化，总是喜欢在情绪好的时候才认真工作。实际上，这是一种很不成熟的做法，那些真正聪明的女士总是能很好地控制自己的情绪，抓住一切可以行动的机会。

著名小说家海伦·波特曾经在她的自传中写道："每当我发现自己无法安心工作的时候，就逼迫自己先写下一段很粗糙的草稿。不管这草稿是多么粗糙，我都不会去刻意地修饰。然后，当我有灵感的时候再回过头来对它进行修改。说真的，这种做法帮了我不少忙，因为我从来没有无法进行工作的时候。我总是在想，这些书稿反正也不会给别人看，那么我何不暂且不去管它。我所要做的就是硬着头皮把它写下来。此外，每当我平时有什么想法，也不管它是不是成熟，都要写下来。如果我在以后觉得这些不好，那么就可以修改一下。同时，我也在此时前进了一大步。"

事实上，正是海伦在自己情绪低落的时候依然逼迫自己继续写作，才最终使她获得了成功。然而，有一些女士在情绪不好的时候就不认真做事，认为这个时候做出的事情一定是最糟糕的。没错，我承认，这个时候想出的办法多半是不成熟的、不完备的、很粗糙的，但女士们依然可以把它们"写"下来。原因很简单，当头脑清醒，情绪良好的时候，你们就可以对它们进行修饰和改正了。更为重要的是，如果你们不懂得抓住任何可以尝试的机会的话，那么就永远也实现不了自己的目标。

行动固然是成功的先决条件，但是能够做到踏实肯干，坚持到底才能取得最终的胜利。事实上，每一个大的目标都是由若干个小目标组成的，而若干个小目标的实现是需要一步步的。我想女士们都知道，学习和成长的过程是相当缓慢的，而取得成功也需要长年累月的积累。那些具有高情商的女人非常明白这一点，因此，她们在为自己的目标而努力奋斗时，愿意一点点地付出、一步步地前进。当遇到挫折和失败时，她们会付之一笑，然后对自己说："没关系，我还有机会。"正是在这种思想的支持下，才使得那些女士取得了最终的成功。

其次，高情商的女人还具有很强的时间观念。因为她们知道，学习就是要靠平时一点点的积累，所以她们总是严格要求自己，让自己不断地学习。当然，女士们也都知道，只有不断地充实才能提高自己的能力，从而才能取得最终的成功。

被称为投资界第一女奇才的埃娃·彼得克曾经说："对于一个女人来说，要想获得成功必须要付出比男人更多的努力。她们的心中要拥有坚定的目标，而且要坚持不懈的朝着目标方向努力，一刻也不能歇息。当然，这些都是前提条件，取得成功并不是一件简单的事，它需要我们为之付出巨大的努力。"

著名的专栏女作家艾默丽·巴勒克也曾经在报纸上写道："女人要想获得成功，就必须经过不懈地努力和拼搏。她们可以不是人群中最聪明的人，但一定要是最具热忱而且最顽强的人。我一直都认为，智商并不是决定成功的关键，只有后天的努力才能塑造成功。我们经常会听说一些神童，可他们中很多人都未能取得最后的胜利，因为他们没有付出相应的努力。"

女士们，要想获得成功就必须付出努力。只有把你们的热情、精力、时间全都投入到你所经营的事业之中，才有可能为自己打拼出一片天地。我一直都坚信，只有那些全身心投入到事业之中，并为之付出巨大努力的人才能最终获得成功。

在我采访洛克菲勒的时候，曾经和他谈论起决定成功的因素。洛克菲勒说："其实，决定成功的因素有很多，并不是简单几句话就能够说清楚的。不过，对于任何人来说，抓住机会永远都是最关键的。也许你努力了，也许你有好的点子，也许你也坚持不懈了，可是如果你在机会面前犹豫不决的话，那么无疑会让你每每都与成功擦肩而过。"

的确，很多女士在机会面前会显得很胆怯。她们害怕失败，害怕自己会输得一败涂地。我承认，机遇中总是存在着风险因素的，但它同样也会让女士们取得成功。那些具有高情商的女士在机遇面前从不犹豫，因为她知道一旦错过最佳的时机，那么想获得成功将变得非常困难。此外，高情商的女人除了善于抓住机遇外，还善于发现和创造机遇。她们的眼光总是放在那些"可能"的事情上，而不会去过多地考虑"不可能"。虽然她们知道这是在冒险，但她们依然愿意放手一搏。

还有一点对于女士们的成功非常重要，那就是高情商的女人往往都拥有积极的心态，这使得她们在成功的道路上永远不会退缩。

丽莎到如今已经是第三次创业了。她开过花店、杂货店还卖过服装，不过很可惜，每次创业都以失败告终，然而丽莎却从来没有因此而苦恼过。她总是对别人说："这有什么？成功就是由无数的失败组成的。虽然我失败了，但是我还没有完全垮掉，还依然可以重新振作起来。每当我看到清晨的太阳时，总是会有一种重新开始的感觉。太阳每天都会升起、落下，如果我把注意力放在升起的时候，那么我每天都会充满了激情。相反，如果我把注意力放在落下的时候，那么我每天都会生活得很消沉。"

事实上，正是在这种积极心态的暗示下，丽莎才在第四次创业的时候取得了成功。如今，她已经是纽约一家大型超市的一名董事了。

此外，高情商的女人还会时刻给自己以积极的心理暗示，从而让自己以最饱满的状态面对各种挑战。也许女士们不太清楚积极的心理暗示究竟会给人带来多大的影响，但我却是非常清楚的。

第二次世界大战以后，我曾经到英国拜访我的朋友罗琳医生，她是精神病学方面的专家。我见到她的时候，她正在给一位精神病人进行治疗。听别人说，那个人名叫保罗，是全英国最严重的病人。30年来，他每天都坐在椅子上一动不动，从未干过其他事情。我想，这位保罗先生大概可以称得上是一个彻头彻尾、不折不扣的失败者。然而，正是这样一个"无可救药"的失败者，在罗琳的帮助下最终取得了"成功"。

原来，罗琳告诉保罗，她打算实行一种奖惩制度。如果保罗的行为是健康的话，就会得到称赞；如果他的行为是病态的话，就会得到否定。罗琳对我说："我知道这是一场转变的斗争。我试图让他动一下嘴，哪怕是一小下，可他就是不肯。这时，我总是会把头转过去10秒钟，给他最严厉的惩罚——不理睬。后来，当他按着我的要求动一下嘴巴时，我马上就高兴地对他大加赞扬。就这样，经过31天的努力，保罗终于在这种积极的暗示下发生变化，如今他已经可以大声朗读书报了。"

我想，既然像保罗这样的"失败者"都能在积极的心理暗示的作用下获得成功，那么女士们也一定可以做到。事实上，肯定的力量是不可思议的，所以你们要经常对自己的行为做出肯定，哪怕是一点点、很微小的肯定，那对你们也将非常有用。

最后，高情商的女人往往都是处理人际关系的高手。女士们必须承认，每一个人的成功都不可能是孤立的，总是和其他人有着必要的联系。事实上，一个人的成功就是在很多人帮助的基础上实现的，所以人际关系对于成功来说也至关重要。

安德鲁·卡内基曾经跟我说："我之所以有今天的成就，和很多人的帮助是分不开的。事实上，我并不是十分了解钢铁行业。然而，我却在这行取得了成功。这是因为有一批钢铁界的高手在给我提供帮助，将我推向了成功的巅峰。我和这些人相处得很融洽，从来不会吝啬我的赞美和感激之词，当然还有我的微笑。相信，如果我只是他们的老板而不是朋友的话，我绝对不会取得今天这样的成就。"

　　女士们，我想你们现在一定明白了我为什么会说高情商的女人能够赢得成功，那么接下来女士们所要做的就是培养自己，让自己拥有高情商女人所具备的6种素质。相信我，只要女士们能够做到这6点，是一定会在人生的道路上取得成功的，也一定会让自己的生命大放光彩。

养成好的工作习惯

不良习惯对于每一个人来说都不是天生就有的，通常都是后天慢慢形成的，我承认，有些不好的工作习惯并不会给女士们的工作带来多大的麻烦，更不会对你们的事业有什么直接的、严重的冲击。如果是这种不良习惯，我们或许还可以睁一只眼闭一只眼，暂且放过。可如果是那些对我们的工作、事业乃至家庭幸福都产生严重影响的坏习惯，我们则应该毫不犹豫地改正它。因此，养成良好的工作习惯就成为了一件非常重要的事情。

需要培养的第一种好的工作习惯：让自己的办公桌整洁干净

几乎所有的成功人士都有保持办公桌整洁这样一个好习惯。芝加哥西北铁路公司的总裁罗兰·威廉斯曾经说过："我可以在最短的时间内帮助那些终日被无休止的文件搞得头疼的人处理好他们的工作，方法很简单，那就是别让自己的桌子上堆满东西。他们应该将自己的桌子清理干净，仅仅留下那些和自己当前需要做的事情有关的东西。这一点非常有效，因为它会使你的工作顺利地进行，并且还不会出现错误。应该说，这是使你的工作迈向高效率的关键一步。"

威廉斯先生说得一点都没错，因为早在几百年前诗人波普就曾经说过："秩序是天国的首要法则！"时至今日，这句名言仍然被刻在华盛顿国会图书馆的天花板上。的确，秩序是所有领域的首要法则。如果足够细心的话，女士们会发现，很多职业女性都习惯把所有的文件和资料堆在自己的办公桌上，然而却往往几星期都不去看上一眼。一位在多伦多报社工作的女士在一天清理办公桌的时候居然发现了自己两年前丢失的打字机！这真是件可怕的事情。

还有一点我必须提醒各位女士，如果你的办公桌被你搞得乱七八糟的话，那么就一定会让你产生恐慌、紧张和忧虑的情绪。更可怕的是，如果你经常为这些看起来永远处理不完的事情忧虑的话，那么得到的将不仅仅是紧张和劳累，更有可能是溃疡病、高血压甚至于是心脏病。

很多女士对我说的话不以为然，认为仅仅通过清理桌面不可能达到缓解忧虑、紧张或是疾病的效果。那好，我给女士们讲一个事例，也许会让你们改变想法。

美国精神病研究协会成员、著名精神病专家威廉·斯德勒医生曾经遇到过这样一位病人：她是一位女强人，有着令很多职业女性羡慕不已的职位——在纽约一家非常大的公司做高级主管。当斯德勒第一次见到这位女士时，她的脸上分明挂满了忧虑、紧张甚至是恐慌。女士对他说，作为一名女主管简直太累了，每天都有忙不完的事情。她心中清楚，自己以这种不佳的状态对待工作非常不好，然而自己却没有办法停下来休息一下，因为竞争太激烈了。

正当女士向斯德勒医生诉苦的时候，电话铃突然响了。"那电话是医院打来的，"斯德勒对我说，"我记得很清楚，当时我丝毫没有迟疑，马上对问题做出了处理。事实上，这是我一贯的风格，因为我从来没有拖延问题的习惯。后来，电话又接连响了几次，而我都是马上就把问题处理了。其间，还有一位同事进来向我询问一位病人的病情。当我把所有的事情处理完之后，时间已经过去一个小时了。我知道我有些失礼，因此非常诚恳地向病人道歉。然而，让我惊讶的是，这位病人非但没有接受我的道歉，反而容光焕发地对我表示感谢。"

原来，斯德勒医生已经用自己的实际行动给那位女士上了一课。女士说："您为什么要向我道歉呢？在刚刚过去的一个小时里，我突然明白了很多事情，也终于找到了我之所以如此烦恼的原因。我已经决定了，回去之后马上改变我的工作习惯。不过，我有一个小小的请求，能不能让我参观一下您的办公桌？"

斯德勒医生同意了她的要求，打开了自己桌子的所有抽屉。事情果然如那位女士料想的一样，抽屉里除了几件文具之外，再也看不到其他东西。女士问道："请问，您把您要处理的那些事情都放在哪里了？"

斯德勒笑着说："要处理？不，没有，因为我已经都处理完了。"

女士又问："那您是怎样安置那些等待回复的信件呢？"

斯德勒又说："我从来不会积压任何信件，每当收到信的时候都会立刻交给秘书处理。"

两个月以后，斯德勒接到这位女主管的邀请，去参观一下她的新办公室。斯德勒惊呆了，因为这位女士好像完全变了一个人，当然她的桌子也完全变了。医生打开了所有的抽屉，发现里面居然没有一份等待处理的文件。女主管笑着说："两个月前，我自己拥有两间办公室，还有三张办公桌，但这依然不能满足我的要求。那时候，随处都可以看见属于我的、需要处理的东西。然而，从您那里回来之后，我马上着手清理垃圾，结果扔掉了有一卡车的废旧文件。如今，一张办公桌对我来说已经足够了，而且我也会把所有的文件都当即处理掉。如今，我再也不会为堆积如山的文件而烦恼了。我惊讶地发现，如今的我身体也没什么不适了。"

需要培养的第二种好的工作习惯：做事一定分清轻重缓急

很多在事业上取得成功的人士都为女士们树立了很好的榜样。相信女士们一定听过亨利·杜哈蒂这个名字，他是如今已经遍布全美的城市服务公司的创始人。在一次演讲中，杜哈蒂曾经说："有两种能力可以把人带入成功之路，一种是很强的思考能力，另一种就是分清事情轻重缓急的能力。"

查理·罗德曼是杜哈蒂的忠实追随者。经过十几年的努力，他已经从一个穷小子变成了身价百万的派索公司总裁。在给别人介绍成功经验时，罗德曼说："我有一个非常好的习惯，那就是每天早上都会在5点起床，然后计划好我一天需要做的事情，而且制订计划是以事情的轻重缓急程度为标准的。我这么做也是有理由的，因为在那个时段，我的记忆力和思考力最棒。"

的确，查理·罗德曼的这种工作习惯给他带来了很多好处。美国最伟大的女性推销员之一，莎拉·卡特也有很好的工作习惯。每天还不到5点的时候，莎拉就已经起床了，并且把这一天要做的事情都安排得妥妥当当。她比罗德曼还要聪明一点，因为她总是在头天晚上把所有的资料都预备好，总是会预先定下每天的销售额。如果因为各种原因没有完成的话，她就把所剩的数额加到第二天。

我承认，任何人都不能总是准确地按照事情的轻重程度去做，然而我们至少可以按部就班地去做。无数的事例证明了一点，这种做法虽然不一定最有效，但却远比那种想到哪做到哪的做法好得多。

需要培养的第三种好的工作习惯：高效率地利用工作时间

伊丽莎白女士曾经是我的学生，如今已经是美国钢铁公司董事会中的唯一一位女董事。有一次，伊丽莎白找到我，对我说："那帮董事会的董事们不知道每天在搞什么，不管办什么事都喜欢拖拖拉拉！很多问题虽然被提出来，但却一直都是讨论、讨论，很少能在会议上当场解决。"

在我的提议下，伊丽莎白女士终于决定劝说那些董事，最后董事会做出这样一个规定：每次董事会只提一个问题，但这个问题必须得到解决，否则就不结束会议。

这一方法果然有效，从此钢铁公司的董事会的备忘录中没有等待处理的事情了，行事表也没有被所谓的预定处理的事情挤满。每个人现在都过得非常轻松，因为他们再也不用每天都抱一大摞资料回家了，更不会为那么多不能解决的事情感到烦恼了。

女士们，既然这个方法对美国钢铁公司的董事会有效，那么它也一定适用于我们每一个人，所以我认为女士们应该尝试这种做法。

需要培养的第四种好的工作习惯：懂得如何授权，并且善于组织和监督

这一条很适合那些坐到领导位置上的女士。很多女性领导不懂得如何给他人授权，因此使自己过早地走向失败。她们往往凡事都要求身体力行，结果自己的精力被那些无关痛痒的小事所消耗，怪不得她们每天都会觉得匆忙、烦躁、紧张。我知道，要做到这一点并不是非常容易的事，至少我一直都是这么认为。尽管如此，我还是希望女士们尽力而为。一个聪明的、成功的女性领导应该懂得如何让别人替你工作。如果做不到这一点，那么恐怕你就永远摆脱不了劳累、忧虑的命运。

女士们，请你们牢记，成功的行为永远始于良好的习惯。虽然我不敢保证女士们按照上面几点去做一定能够取得很大的成功，但我可以保证女士们一定会把工作变得轻松、快乐。我一直都强调一点，不管做什么事情，快乐才是最重要的，工作也是一样。

让你的上司赏识你

不得不承认，如果我们不是自己开公司，做老板，那么我们的命运就会掌握在其他人的手中，而这个人就是我们的上司。的确，如果女士们想在一家别人开的公司里有一番作为，那么上司的赏识对你们来说就至关重要。道理很简单，只有你的上司赏识你，你才能获得晋升和加薪的机会，也才能最终取得成功。

曾经有很多女士对我抱怨说，她们是属于怀才不遇的那类人，因为不管她们怎么努力工作，也总是得不到上司的赏识。事实上，导致这种现象产生的根本问题并不是那些女士的能力，而是因为那些女士没有处理好自己与上司的关系。芝加哥一家大型百货公司的总经理就曾经坦言说："我在提拔下属的时候，总是喜欢选择那些与我关系亲近，让我喜欢的人。我想，所有的上司大概都和我有一样的想法。"

女士们不要抱怨说，这些老板都是"任人唯亲"的家伙，事实上如果你是上司，你也会这么做，因为那些人你觉得最值得信任。因此，女士们为了自己以后事业的发展，不妨学会一些与上司交往的小技巧。

获得上司赏识的技巧

将上司分配的任务放在第一位；

处事果断，但必须向上司请示；

平时多请教上司；

关心上司的家人；

帮助上司解决问题。

很多女士都把奉承看成是一件很丢脸的事情，因为她们觉得那样做很没有自尊，而且还会被别人嘲笑。的确，奉承上司会让别人觉得你是一个势利小人，可能会引起他人的反感。不过，我并不是在这里要女士们对自己的上司大献殷勤，而是希望女士们能够在必要的时候使用一些小技巧。

给上司送礼，这无疑会拉近女士们与上司的距离。的确，一件小礼物不仅代表物质上的意义，更主要的是代表着一层心意。如果你给上司送礼的话，也许他真的并不看重礼物的轻重。在他看来，你是因为尊重他才这么做的。

不过，女士们在给上司送礼的时候千万不可落入俗套，否则的话会让上司误以为这是一起交易，并且让他觉得你是在刻意讨好他。因此，女士们在给上司送礼的时候，最好以朋友的姿态，让上司感觉你是因为关心他才给他送礼的。此外，这种礼物不要太贵重，否则也很容易引起误会。还有一点，女士们可以在一些平常的日子里给上司送上一些小礼物，并且告诉他，这是你的一番心意。比如，你可以在出差回来的时候给他带一些当地所产的有特色的东西，并且告诉他你这么做的目的是给他留个纪念。我不知道是不是所有人都喜欢这样的礼物，反正我是很喜欢的。

我曾经在前面的文章中不止一次地提到过，获得别人好感的最佳方法就是让他人有一种备受尊重的感觉，这一方法用在你们上司的身上同样有效。不过，有一些女士在运用这一方法上走入了一个误区，从而使结果适得其反。

曾经有一位上过我培训班的女士向我兴师问罪，说我教给她的方法没有起到一点作用。她按照我说的去对上司表示尊重，可上司却说她这种拍马屁的行为并不会起到任何效果。我问她是如何对上司表示尊重的，她回答我说不停地称赞上司。我终于明白问题出在什么地方，因为太多的赞美反而会让人产生误会，于是我让她试着以后多请教上司一些问题，而不要去胡乱地称赞上司。果然，我的这一方法起到了效果，上司对那位女士的印象大为改观。

其实，我们两个运用的是同一原则，不过是方法上有区别而已。事实上，每个人的心中都有"好为人师"的心理。如果女士们能够经常虚心地向上司请教问题，就会让他有一种备受尊重的感觉。同时，你还会给上司留下好学上进的印象，所以被赏识也是自然的事。

此外，女士们如果能够合理地运用一些小动作的话，那么同样可以满足上司这种渴望得到尊重的心理。比如，在他发表言论的时候，女士们不妨注视他，并且时不时地做出十分佩服的表情，或是微微点头，或是若有所思。别小看这些小动作，它远比那些令人感到肉麻的话有效得多。

如果女士们的上司是那种比较精明的人，那么采用这些直接与他们接触的方法就是比较"危险"的，因为这可能会使上司认为你是意图不轨。这时，女士们不妨从上司身边的最亲的人入手，这样往往会收到更好的效果。

我现任的秘书就十分懂得运用这一技巧，她和桃乐丝始终保持着良好的关系。于是，桃乐丝经常在我面前称赞她，说她是个既懂事又善解人意的姑娘。有了桃乐丝的话，我自然对秘书的印象越来越好。

事实上，这种技巧十分适合女士们运用。作为女性，你们在性别上更容易接近上司的妻子，而且还不会招来上司的不满。同时，如果女士们能够让他的妻子喜欢你的话，那么你的上司也就会很快地喜欢上你，因为毕竟他最信任的还是妻子的话。

此外，女士们在与上司相处的时候，还可以主动地帮他处理一些私事。我知道，你所拿的薪水就只包括那 8 小时内的工作，额外给上司办私事是不会有奖励的。然而，这种做法虽然不会让女士们得到有形的物质奖励，却可以获得上司的良好印象。

很多女士都喜欢在上司面前说一些自己的私事，目的就是告诉上司，自己做这份工作真的很难，因为家里面还有很多事情需要她去处理。本来，这些女士是希望通过这种手段来博得上司的同情，从而给自己争取到加薪或晋升的机会。然而，结果却恰恰相反，因为没有一个上司会愿意把重任交给一个满身麻烦和牵挂的人，所以女士们在与上司交谈的时候尽量守住自己的秘密，即使你真的有很多个人问题需要处理。

另外，在工作中与上司发生意见冲突是难免的事，一些女士在面对这种情况时显得不知所措，或是与上司据理力争，或是干脆沉默选择接受。事实上，这种两种做法都是错误的。如果女士们据理力争，那么就很容易伤害到上司的自尊心，从而降低他对你的好感度。相反，如果女士们选择无条件地接受，那么上司又会觉得你是一个很没有主见的人，所以也不会赏识你。

因此，当你们的意见与上司不同时，女士们一定不要慌张，要表现出泰然自若。这样一来，你们首先就取得了第一步的成功，因为每一位上司都喜欢那种临危不乱的人。当然，光是表示出镇定还是不够的，因为上司更看重那些能够妥善解决问题的人，所以女士们要表现得不卑不亢，然后充分说出自己的理由，进而说服自己的上司。如果你的上司依然不能接受你的意见，那么就应该委婉地告诉他，你无法达到他的要求。

最后一点也很重要。事实上，如果女士们总是犹豫不决的话，会让你的上司觉得你过度依赖别人，难成大器。因此，当女士们在工作中遇到问题时，一定要果断地解决，千万不可拖拖拉拉。但是，这种果断不是盲目的，它的前提依然是不能伤害到上司的自尊。因此，女士们不妨在做出决定以后，及时地向上司汇报，这样一来既给上司留下了精明强干的印象，又让他的自尊心得到了满足。

最后，我有一点要强调一下，如果女士们的上司是男性，那么在处理问题的时候就一定要讲究方法，千万不能为了得到上司的赏识而答应他的无理要求。一旦出现这种情况，女士们一定要在不伤害他自尊心的前提下，坚定地拒绝他的要求。

自如应付同性的嫉妒

曾经有人说："嫉妒是女人的天性。"我不同意这种观点，因为它听起来太偏激。然而，有一点女士们不得不承认，在竞争非常激烈的办公室，女同事之间很容易因为各种事情而产生嫉妒。虽然我们可以让自己不去嫉妒别人，但却不能保证别人就不嫉妒我们。事实上，有一些女士就是有这样一种想法，那就是她们办不成的事情最好别人也办不成，她们得不到的东西最好别人也不能得到。

在职场中，如果你是一个非常出众的女人，那么你一定会时刻感受到来自于身边同性的嫉妒。她们嫉妒的范围包括你的职位、工作能力、上司对你的赏识、你的外貌、衣着乃至于你的家庭状况。虽然嫉妒并不会给你带来直接的危害，但却难免会为你以后的失利埋下隐患。因此，当女士们在办公室遇到同性嫉妒的时候，一定不要立刻还击或是置之不理，而是应当巧妙地应付她们的嫉妒，甚至将她们变成你的朋友。

爱美是女人的天性，这也就造就了女人天生对美就有很强烈的执着。因此,女性最容易引起同性嫉妒的地方就是外在的美貌。你的女性同事也许可以容忍你的职位比她高、薪水比她高、能力比她强,但绝不能容忍你比她美丽,成为办公室的焦点。虽然外貌、仪表、风度在很大程度上与是否能够得到更好的工作机会没有关联,但是几乎所有的女性都无一例外地对长相比自己漂亮,着装比自己迷人的女人怀有"敌意"。试想,如果是在这种敌视的情况下一起工作,那么女士们所在的办公室的气氛一定会非常紧张。

丽莎今天第一天上班,所以在与同事们接触的时候处处都显得十分小心,因为在这之前,曾经有人告诫过她,办公室的生活是非常复杂的。为了能够给别人留下好印象,她还特意打扮了一番,化了淡淡的妆,又配上了一条漂亮的连衣裙,加上丽莎本来就天生丽质,因此她显得十分漂亮出众。丽莎本以为自己一定可以很快融入办公室生活,可不想单位里的女同事没有一个愿意理睬她,肯跟她接近的反而是那些男同事们。丽莎不明白,难道自己就真的那么让人讨厌吗?虽然她尽全力地和每一位女同事接触,但似乎所有人都对她怀有敌意。其中,有一位女同事还挖苦道:"怎么?第一天上班就打扮得这么漂亮?这有什么用,我们工作是靠能力的,不要以为打扮得漂亮点就能引起老板的注意。"丽莎觉得很委屈,因为她从来没有这样想过,于是她找到我寻求帮助。

我分析了丽莎的情况，发现所有问题的症结就是出在丽莎的"漂亮"上。于是，我对丽莎说："丽莎，上班的时候打扮得漂亮一点这无可厚非，但你很容易让别人有一种自卑的感觉。看得出来，你对穿衣打扮很有品位，那你为什么不把你的经验和大家分享呢？"

丽莎听了我的建议。第二天上班的时候，她主动和其他女同事打招呼，并且将自己穿衣搭配的技巧、美容的方法等全都告诉给了她们。这一招果然有效，那些女同事一个个听得津津有味，纷纷向丽莎提出问题，并且表示希望丽莎以后能多教她们点这方面的知识。如今，丽莎已经成为了办公室中最受欢迎的人了。

事实上，这一点正是利用了女性的自然心理。虽然女性很容易对同性的美产生嫉妒，但她们更渴望得到对方的美。因此，如果女士们在面对同事对你的"美"的嫉妒的时候，那么不妨忍痛割爱，将自己的美"分出"一部分给对方。这样一来，你们一定可以获得同事的好感，从而拉近与她们的距离。

如果女士们没有"美"的资本，那么在工作中，你们最容易惹同性嫉妒的恐怕就是你所取得的成绩了。事实上，这种嫉妒心理是男人和女人都有的。试想一下，同样是在一个办公室，同样是做一样的工作，凭什么你就要比她们的薪水高？凭什么你就得到晋升的机会？因此，你在工作上所取得的成就难免会让你的同性同事嫉妒你，特别是那些年龄比你大，入行比你早，且资历比你深的人。在她们看来，晋升机会本来就该属于她，而你则一定是通过耍什么"阴谋诡计"才得到的。

面对这种情况女士们该如何处理呢？有些女士会非常生气，因为她知道自己是凭借努力才取得今天的成绩的。因此，她对这种嫉妒非常厌恶，决定采用沉默来回应。其实，女士们大可不必动气，还是先来听听专家的意见。

加州大学心理学教授卢克尔斯·庞德曾经说："很多时候，嫉妒其实是一种很可怜的心理。拥有这种心理的人往往是因为'自己的东西'被别人抢走了，所以内心感到很失落，进而产生嫉妒。其实，应对这种嫉妒的方法很简单，那就是找一些你不如他的地方，让他把心思放在那上面。这样一来，原本失衡的心理变得平衡，从而消除了嫉妒心理。"

诺丽在一家百货公司工作。由于她能力突出，人又精明强干，所以很快就得到了老板的赏识，被提升为部门经理。虽然升职是一件好事，可诺丽却怎么也高兴不起来。原来，在这之前，诺丽和部门的女同事之间相处得非常好，那些比她进入公司早几年的老员工还经常给她提供帮助。可是现在，自从诺丽当上部门经理以后，以前的那些同事就开始疏远她。

开始的时候，诺丽还以为是自己当了部门经理以后与员工产生了距离，后来才发现，原来员工是故意和她"过不去"。她曾经无意间听到两个老同事说："诺丽凭什么做部门经理？她不过才来公司一年而已，而我们已经在公司勤勤恳恳地干了3年。不知道她会什么魔法，居然能让老板如此器重她？说不定，她是用了一些不正当的手段，要不她怎么可能这么快被提升？"诺丽听后很伤心，也觉得很委屈，因为这是她最不想看到的局面。

不过，诺丽是个聪明的女士，并没有坐以待毙，而是想办法主动解决问题。这天，诺丽把所有的同事召集在一起，给她们开了一次会。在会上，诺丽首先对同事的工作作出肯定和表扬，并对她们以前给自己的帮助表示感谢。不过，诺丽看得出来，那些以前的同事并不领她的情，相反认为她是在虚伪地扯谎。诺丽并没有着急，而是对她们说："你们一定以为我现在过得很快乐，其实我真的很怀念以前做普通员工的日子。知道吗？当你们每天下班后和家人团聚的时候，我却要留在公司继续工作。虽然看起来我要风光一些，但你们却体会不到其中的苦恼。我现在压力很大，也很容易发脾气，因此经常和丈夫发生争吵。说真的，做一名女性经理并不是一件容易的事。如果老板肯给我一次机会，我宁愿回到原来的岗位上。"开始的时候，那些女同事还以为诺丽是在惺惺作态，可后来她们发现，诺丽说的全都是自己真实的感受，所以心中不由得同情起她来。

从那次会议以后，诺丽发现同事们改变了对她的态度，开始和她越来越亲近。另外，很多女同事居然还主动给她提供帮助，替她分担一部分工作。此外，这些同事还经常在一起说："天啊，我们的诺丽真是太可怜了。与她比起来，我们还算幸福的。"

女士们，不要以为这是一种示弱的做法。事实上，如果你让她们觉得其实你也是很难的，有些地方不如她们，而且你还必须老老实实低调地做人，那么就会让那些嫉妒者感到心理上的平衡，使她们对你产生一种同情心理，从而消除她们的嫉妒心。

其实，女士们仔细观察就不难发现，所有的嫉妒都是在名和利的基础上产生的。很多时候，一些女士之所以会招来同性同事的嫉妒，很大程度上是因为她们对自己的利益过分看重，总是在工作中追求太多的利益。这样一来，同事们就会对她们的这种做法感到很反感。再加上同事的利益也被她们剥夺或占有，因此不免产生出嫉妒来。

老实说，这些在工作上所谓的名利并不一定就会给女士们带来很多的好处，相反会给女士们招来同事们的嫉妒。由于她们嫉妒你，所以就必然疏远你、仇视你。久而久之，紧张的办公室气氛会让你觉得身心疲惫，并且失去了良好的人际关系。我奉劝那些女士，希望她们不要去盲目地责怪别人，应该首先反省自己，看看是不是自己对利益过分追逐的做法在有意或无意的情况下伤害到了同事，是不是因为这个原因才使得自己处于孤立的处境？如果是这样，那么她们就该赶快想办法解决了。

其实，应对这种嫉妒有一个小窍门，那就是满足对方获得名利的心理。女士们不妨从自己获得的名利中，挑选出那些细小的、对自己前途没什么大影响的好处，然后谦让地将这些东西分给其他同事。其中，女士们要特别注意，当你所在的部门获得了某一特殊荣誉时，千万不要将它据为己有，而是要大方地分配给每一个人。虽然荣誉没有什么实在的意义，但却可以满足所有人的心理。

女士们，当嫉妒发生在你身边时，不要慌张，只要你们找到对方嫉妒你的原因，并且对症下药，那么就一定可以圆满地解决。我相信，女士们一定会凭借聪明、智慧，使自己成为办公室中的明星。

说话做事要有度

美国一家权威职业分析机构曾经在杂志上刊登过这样一篇文章，题目是《如何在职场站稳脚跟》，其中有这样一段话："在职场中，最不受欢迎、最让人讨厌的就是那些没有'分寸'的人。他们懒散、张狂、任性、自负，总之在他们身上可以找到所有职场中的禁忌。这些人是职场中最失败的人，不管在哪一方面都不可能获得成功。"

我觉得这家机构写的这几句话很有道理，因为现实生活中，那些在职场不能把握好分寸的人的确让人生厌。当然，他们所说的"分寸"就是指说话办事所掌握的尺度。

女士们，我想你们不会否认，不管你个人具备多么强的能力，如果你不能做到让人喜欢你，那么想在职场取得一定的成就简直是"天方夜谭"。道理很简单，每一个人的成功都不可能是孤立的，总是会和这样或那样一些人有着某种联系。如果你让别人感到讨厌，那么就相当于自己切断了一条条通向成功的道路，所以最后等待你的就只有失败。

这天，纽约贸易公司的总经理卡伦先生正带着一位来自英国的客户参观公司。这个客户对公司很重要，因为如果能够交易成功，将会给公司带来一笔不小的订单。

　　当卡伦先生正带着客户在销售部参观时，大门突然被推开了，随即就听到一位女士大声喊道："经理，我真的不明白，难道你就是这样失信于人的吗？前几天你明明告诉我，这个月我的奖金会多一些。可是现在，我的奖金却一点都没有变。作为一家大公司的经理，你怎么可以做出这样的事情来？"经理的脸色有些难看，强忍着怒火说："亲爱的朵拉女士，这件事我们以后再谈好吗？我现在有重要的事情要做。"

　　朵拉女士并不想因此而放过经理，反而更加大声地说："怎么？经理，你难道怕别人知道吗？我这是在为我自己争取正当的权利，所以我没有什么可怕的。我希望你能明白，我这么做完全不是出于本意，而是因为你做得太过分。"经理的脸更加红了，说道："好吧，我的朵拉女士，现在就请你到财务那里去领取你的奖金吧！"

　　就在第二天，经理把朵拉女士叫到了办公室。这次，他不光给了朵拉女士奖金，还给了她这几天的工资，因为朵拉女士被辞退了。

　　"从公司出来以后，我觉得委屈极了。于是，我对着公司的门口大声喊道：'我们的经理是个小肚鸡肠的人，根本听不进别人的意见。'当时我觉得痛快极了。"朵拉在我和说这些话的时候，脸上明显挂满了胜利的喜悦。我摇了摇头，对朵拉女士说："你觉得你被辞退是因为你的经理小肚鸡肠？"朵拉很惊讶地说："难道不是吗？他还不是记恨我去和他讨要那份应该属于我的奖金？"我回答说："朵拉女士，事实上你错了！我相信，如果你在一个恰当的时机去和你的经理谈论这件事的话，他一定会非常高兴地接受你的意见。可是，你却是选择最不恰当的时机，所以才使你自己失去了这份工作。"

首先，我必须和女士们澄清我的立场，朵拉女士去找经理要回自己的酬劳并没有错，因为那是她应得的。可是，她不该在经理陪同客人的时候提出这种要求，更不应该用那么激烈的言辞来维护自己的权利。事实上，朵拉女士这种行为是最典型的说话做事没有尺度。

其实，像朵拉那样的女士在职场中并不少见，而这些人的身上往往都有一个共同特点：任性。我们都知道，工作毕竟不等同于平常的生活。只要参加工作，那么就势必会受到各种各样的约束，然而，那些任性的女士却忽视了这些约束。她们说话不经过考虑，做事也全凭着自己的性子来。在她们眼里，没有什么是错误的，只要她们觉得正确。

有这样一位女士，平日里就喜欢我行我素，从来不考虑别人。参加工作以后，她的这种性格依然没有改变。在与同事的日常交往中，她从不注意自己的言行举止，总是会无意中伤害到其他人的自尊，就连她的上司也不能幸免。不光这样，她对公司的制度完全没有概念，只要自己觉得有理由，就可以给自己放假。至于说上司的不满，那是上司的事，和她没有一点关系。渐渐地，公司里面所有人都不愿意和她说话，因为她总是喜欢以自我为中心。同时，她的上司也对她意见越来越大，因为她老是不服从"管教"。当然，结果可想而知，那位女士最终失去了工作。在以后的日子里，虽然她尝试着找了很多份工作，但却没有一份工作能够做长。

女士们，不管是在职场还是在日常生活中，说话做事做到有度都是非常重要的。每个人都是不一样的，也都有自己的个性。你心中的标准未必就是别人心中的标准，而人与人之间在标准上势必都存在一些互相冲突的地方。还好，人类社会发展到今天，已经形成了一种公共的标准，而这种公共标准就是我所说的"度"。事实上，要想做到在职场中游刃有余，那么就必须遵循这个公共标准，因为那是被所有人所接受的。如果你们的行为超出了这个标准，说话做事没有了度，那么就势必会招来别人的反感，使自己陷入孤立的境地。

上面所说的那种"任性"的无度是最典型的。其实，在现实生活中，说话做事没有尺度还有很多种，比如就像艾迪女士那样。

艾迪女士平时在公司的口碑还算不错，同事们大都很喜欢她。不过，艾迪女士有一个致命的缺点，那就是情绪容易激动，而且一激动起来就会头脑发热。

有一次，她和同部门的同事因为一点小事发生了争吵，双方谁也不肯让步，结果争吵逐渐升级。最后，艾迪女士大声说："你给我记住了，从今天起，我们之间没有任何关系，谁也不许再理对方。如果谁违背这个誓约，那么就一定会受到上帝的惩罚。"

同事们都惊呆了，觉得艾迪说的这些话有些过分，就赶忙劝她不要这么冲动。可是，正在气头上的艾迪根本听不进别人的劝告，反而当着众人的面又把刚才的话重复了一次。这样一来，她和那位女同事的关系变得更加紧张起来。

同在一个部门，日常的接触总是不可避免的，更何况还必须在一起完成工作。可是，由于艾迪女士发了毒誓，所以她坚决拒绝与对方合作。最后，由于两个人的冷战，使得一项很重要的任务没有处理好。结果，经理在了解完情况以后，以影响公司团结为由，解雇了艾迪。

这一类型的女士我们不妨把她们称为"情绪化"的说话做事无度者。她们的共同特点是：易冲动，好说绝话。其实，这一类型的女士在现实生活中也是很常见的。我们经常看到这样的情形，当两个人发生矛盾时，有一方很容易说出一些过火的话，目的就是以此来惩罚对方。可是这有效吗？没有。这样做的结果只有一个，那就是堵住了日后化解矛盾的退路。

如果说上面两类女士都是因为没有考虑到说话做事应该有度而犯下错误的话，那么另一类女士则是因为太过讲究说话做事应该有度而犯下错误，这两者并不矛盾。

妮娜是一位很有心计的姑娘，而且也很有抱负。在刚刚参加工作的时候，她就给自己定下目标，一定要成为一名最优秀的职场女性。在此之前，她阅读过很多这方面的书籍，所以她非常清楚，办公室关系是一项非常重要的内容。如果她不能把办公室关系处理好的话，那么就不可能实现自己的目标。于是，她开始照着书上所教的方法去做。

女士们一定会认为，这个妮娜女士肯定取得了成功，因为她用心去做了，而且也讲究了技巧。可事实上，妮娜的做法非但没有赢得同事们的好感，反而让所有人都十分厌烦她，并且管她叫"虚伪的妮娜"。这究竟是怎么一回事呢？

原来，妮娜太过于注重那些技巧性的东西了，想把书中所教的技巧全都用上。书中教她要关心同事，于是当于莉感到有些不舒服时，她马上买来了一大堆药，并且说："哎呀，看看你，都瘦成这样了！快吃了药吧！那样就会好起来了。你知道吗？你生病真的让我很担心。"当她的同事需要帮忙的时候，她总是会马上冲过去，笑呵呵地说："为什么不叫我一声呢？我是很乐意帮助别人的。不要不好意思，大家都是同事，有什么困难我一定会帮你的。"开始的时候，人们都还认可妮娜的这种做法，可时间一长，妮娜的行为就给别人一种很做作的感觉。后来，同事在妮娜的柜子里看到了那本人际关系方面的书，结果大家都认为妮娜是不怀好意，所以才叫她"虚伪的妮娜"。

应该说，这类女士是委屈的，因为她们内心知道说话做事要有度的重要性，也确实是发自内心地想要做到。然而，她们在改正的过程中，把注意力过多地放在了如何说话和做事上，行为太过于谨慎和夸张，结果给人一种做作虚伪的感觉。坦白说，这种做法比前两者更具危害。既然说话做事无度的人大致可分为这三种，那么我们就应该对症下药，给这三类人提供一些解决的意见。

如何做到说话做事有度

克服掉任性的缺点，凡事多为别人考虑；

遇事不要冲动，三思而后行；

学习一些技巧是必需的，但不要刻意去追求。